MUSÉUM D'HISTOIRE NATURELLE
(Jardin des Plantes)
DE PARIS.

GALERIE

DE MINÉRALOGIE

ET

DE GÉOLOGIE.

Paris. — Typographie de J. BEST, rue Poupée, 7.

MUSÉUM D'HISTOIRE NATURELLE
DE PARIS.

GALERIE

DE MINÉRALOGIE

ET

DE GÉOLOGIE

DESCRIPTION DES COLLECTIONS
CLASSEMENT ET DISTRIBUTION DES MINÉRAUX, ROCHES, TERRAINS ET FOSSILES
INDICATION DES OBJETS LES PLUS PRÉCIEUX

Précédés d'une notice historique sur l'origine et les développements successifs
des collections jusqu'à ce jour, etc.

PAR M. J.-A. HUGARD

Aide de minéralogie au Muséum, ancien Secrétaire de la Société géologique de France, etc.

PARIS
CHEZ L'AUTEUR, RUE BONAPARTE, 55,
ET CHEZ LES PRINCIPAUX LIBRAIRES.

1855

Jours et heures auxquels les galeries de Minéralogie et de Géologie sont ouvertes.

I. Au public (sans carte) : — Le mardi et le vendredi, de deux heures à cinq heures ; de plus, le dimanche (exceptionnellement, pendant la durée de l'Exposition), de midi à quatre heures.

II. Aux visiteurs munis d'une carte délivrée à l'Administration, sur la présentation d'un passe-port (pendant la durée de l'Exposition, sur la simple présentation du passe-port à la porte des galeries) : — Le lundi, le jeudi et le samedi, de onze heures à trois heures (outre les deux jours publics).

III. Aux élèves qui suivent les cours du Muséum, et qui peuvent obtenir, sur leur demande, des *cartes* spéciales *d'étudiants :* — Tous les jours de la semaine, moins le mercredi, aux heures indiquées ci-dessus (II).

Bibliothèque.

Ouverte tous les jours, de dix heures à trois heures (les dimanches et fêtes exceptés) ;

Fermée (pour vacances) du 1er septembre au 1er octobre, et à partir du vendredi saint, pendant les quinze jours suivants.

Cours publics de Minéralogie et de Géologie, au Muséum.

Ces cours ont lieu, chacun, une fois par année, dans l'amphithéâtre de la galerie ; ils durent trois mois. Le cours de Minéralogie commence dans le courant d'avril ; le cours de Géologie, dans le courant de novembre.

Professeur de Minéralogie : M. DUFRÉNOY.
— *de Géologie :* M. CORDIER.

COURS PRATIQUES

(PARTICULIERS)

D'HISTOIRE NATURELLE.

RÉPÉTITIONS DE MINÉRALOGIE, DE GÉOLOGIE, DE BOTANIQUE ET DE ZOOLOGIE; AVEC MANIPULATIONS ET NOMBREUX EXERCICES, A L'AIDE D'INSTRUMENTS ET D'ÉCHANTILLONS.

PROFESSEURS.

Pour la Géologie : M. Charles d'ORBIGNY, aide de Géologie au Muséum d'histoire naturelle, Directeur du *Dictionnaire universel d'histoire naturelle,* etc.

Pour la Minéralogie : M. HUGARD, aide de minéralogie au Muséum d'histoire naturelle, ancien Secrétaire de la Société géologique de France, etc.

Pour la Botanique : M. P. DUCHARTRE, professeur à l'ancien Institut agronomique, agrégé à la Faculté des sciences, etc.

Pour la Zoologie : M. GRATIOLET, docteur en médecine, aide d'anatomie au Muséum d'histoire naturelle, etc.

Des leçons particulières sont données aux personnes qui le désirent.

— S'adresser, pour renseignements, à M. Charles d'ORBIGNY, à la galerie de Géologie, tous les jours, de midi à trois heures, excepté le dimanche.

SOMMAIRE.

—◦◦◦—

PREMIÈRE PARTIE, — historique.

DEUXIÈME PARTIE, — descriptive.

—◦◦◦—

MUSÉUM D'HISTOIRE NATURELLE

DE PARIS.

GALERIE DE MINÉRALOGIE

ET

DE GÉOLOGIE.

PREMIÈRE PARTIE.

HISTORIQUE.

**Origine et développements successifs des collections
jusqu'à ce jour.**

L'origine des collections de minéralogie et de géologie remonte à l'année 1626, époque de la fondation
du Muséum, sous le règne de Louis XIII (1).

L'établissement nouvellement créé reçut d'abord le

(1) Ce fut principalement sur les pressantes sollicitations de Guy
de la Brosse, médecin ordinaire du roi, que Louis XIII accorda la
fondation du Muséum; elle fut autorisée par lettres patentes du
mois de mai 1626; l'organisation de l'établissement fut définitive-
ment constituée par un édit de mai 1635; vers 1671, une déclaration
du roi en régla l'administration.

Guy de la Brosse fut le premier intendant du Jardin; il en est
généralement regardé comme le véritable fondateur.

nom de *jardin royal des Plantes médicinales ;* il a conservé ce nom assez longtemps ; on lui a substitué, plus tard, celui de *jardin du Roi ;* en 1793, il a reçu le titre de *Muséum d'histoire naturelle,* qu'il porte encore aujourd'hui.

Le nom de *jardin royal des Plantes médicinales* indique évidemment que le Muséum ne fut pas d'abord créé dans un but d'histoire naturelle spéciale : la *culture des plantes médicinales* et *l'explication de leurs propriétés,* telle fut sa première destination.

Dans l'édit de Louis XIII qui institua le Muséum, trois médecins avaient été désignés, sous le titre de *démonstrateurs* et *opérateurs pharmaceutiques, pour enseigner les plantes et la matière médicale ;* par le même édit, un cabinet fut établi où l'on devait *garder des échantillons de toutes les drogues tant simples que composées,* etc. Ce cabinet porta pendant quelque temps le nom de *droguier ;* il prit plus tard celui de *cabinet du Roi.*

Les *drogues simples* et *composées* comprenaient *l'ensemble de toutes les choses rares de la nature ;* par conséquent, sous ce nom, on réunit les objets, non-seulement du règne végétal, mais encore ceux des deux autres règnes de la nature ; dès cette époque commença le noyau des collections de minéralogie et de géologie.

Cependant, les trois premières chaires qui avaient été instituées ne concernaient que la *botanique* et la *chimie ;* les premiers objets minéralogiques et géologiques, réunis dans le droguier, furent sans doute assignés au domaine de la chimie.

Pendant la première période qui s'écoula depuis la fondation de l'établissement jusqu'à l'arrivée de Buffon (de 1635 à 1739), les objets minéralogiques et géologiques ne furent point séparés en collections spéciales, comme ils le sont aujourd'hui ; ils ne paraissent pas non plus avoir augmenté beaucoup en nombre.

Les intendants du Jardin, qui se succédèrent depuis 1643, époque de la mort de Guy de la Brosse, jusqu'à 1739, année de la nomination de Buffon, montrèrent peu d'intérêt pour les progrès de l'établissement, si l'on excepte toutefois Fagon, qui fut intendant de 1693 à 1718, et du Fay, de 1732 à 1739.

Pendant les quinze années de l'administration de Fagon, l'établissement prit un peu de vie, et les collections commencèrent à se développer. Fagon avait voyagé dans plusieurs provinces de France, dans les Alpes, dans les Pyrénées ; il fit passer au Jardin tout ce qu'il avait pu recueillir.

En 1739, une riche collection de pierres précieuses fut léguée au cabinet du Roi par du Fay.

Du Fay employa tous ses loisirs à faire fleurir l'établissement dont il était le chef ; il fit, comme Fagon, des voyages en Angleterre, en Hollande, etc., et tous les objets rares et utiles qu'il put recueillir pour l'instruction furent transportés au cabinet.

Du reste, aucuns documents bien positifs ne font connaître ce que devinrent les collections de minéralogie et de géologie, quant au nombre et quant à l'importance, pendant un siècle environ, à partir de l'époque de la fondation du Muséum.

En 1715, à la mort de Louis XIV, le droguier commençait à renfermer quelques objets intéressants.

En 1722, Bernard de Jussieu fut nommé garde des collections et chargé du soin du droguier, auquel on commençait à donner le nom de *cabinet d'Histoire naturelle;* les premiers classements méthodiques datèrent de cette époque.

En 1739, Buffon arriva à l'intendance du Jardin, en remplacement de du Fay; son administration dura de 1739 à 1778, année de sa mort. Pendant cette longue période, les collections d'histoire naturelle, et celles en particulier qui nous occupent plus spécialement ici, prirent un immense développement. Buffon mettait toute sa gloire à rendre le jardin du Roi digne de sa destination; il employa de même son crédit et sa célébrité pour enrichir l'établissement auquel il avait lié son existence. Son administration a donné le plus grand essor à cet établissement, qui lui doit ses principaux accroissements jusqu'à la nouvelle organisation, en 1793.

En 1745, Buffon ouvrit le *cabinet du Roi* au public.

Dans la même année, il s'adjoignit un naturaliste illustre, qui fut plus tard son ami et son collaborateur : Daubenton fut nommé par Buffon *garde démonstrateur* du cabinet. L'habile coopération de cet homme zélé et instruit autant que modeste, qui a consacré au service du Muséum plus de cinquante années de sa vie, et durant la période la plus difficile du développement de cet établissement, imprima aux collections une physionomie nouvelle; jusque-là, elles n'avaient été réellement, comme leur premier nom l'indique, qu'un droguier, auquel on avait joint des pierres précieuses; Daubenton en eut bientôt fait une véritable collection d'histoire naturelle, et la plus riche qui existât encore.

Dès l'arrivée de Daubenton, les objets furent classés suivant leurs affinités, et distribués en trois groupes correspondant aux trois règnes de la nature; les *objets minéralogiques et géologiques,* en particulier, formèrent, pour la première fois, une collection spéciale.

Quelques années après l'arrivée de Buffon et de Daubenton au Muséum, parurent les premiers volumes de l'*Histoire naturelle*. Dans ce célèbre ouvrage, qui obtint dès son apparition, une immense publicité, Buffon faisait appel à tous les naturalistes de l'Europe, pour en obtenir des objets qui devaient servir à ses descriptions, et qui, en définitive, allaient enrichir le cabinet du Roi; son appel était écouté, et les objets affluaient de tous les points du monde.

Sous l'impulsion de Buffon, le gouvernement lui-même ne négligeait rien pour accroître les trésors d'un établissement qui contribuait à la gloire nationale. Il ajoutait des fonds extraordinaires à ceux qui avaient été déjà fixés pour son entretien, et ces fonds étaient mis à la disposition de Daubenton, pour l'achat des objets les plus intéressants par leur rareté ou les plus utiles par leur caractère scientifique.

D'une autre part, les voyages d'explorations scientifiques, entrepris aux frais de l'État ou soutenus par les ressources privées, apportaient successivement à l'établissement de nouvelles et nombreuses richesses. Buffon avait fait établir des brevets de correspondants du Jardin, et une pension pour les voyageurs instruits qui s'engageaient à faire des envois au Jardin ou au cabinet.

Voyages, dons, acquisitions, enrichissaient donc rapidement, et par une triple source, le cabinet du Roi.

De 1767 à 1773, Commerson et de Bougainville rapportaient de leur voyage autour du monde différents produits d'histoire naturelle, parmi lesquels quelques objets importants de la nature inorganique.

Tournefort faisait don au cabinet des échantillons qu'il avait recueillis dans son voyage au Levant (exécuté de 1700 à 1702); il lui laissait à sa mort (en 1708), en même temps que son herbier, une suite très-riche se rapportant à toutes les autres branches de l'histoire naturelle.

Vers 1772, une collection de minéralogie considérable était donnée à Buffon par le roi de Pologne; cette collection était transmise immédiatement au cabinet du Roi.

De 1777 à 1785, Dombey recueillait, pour la même destination, principalement au Pérou, au Chili et au Mexique, des objets plus nombreux et plus importants encore de minéralogie et de géologie; pour la première fois, il faisait connaître et donnait au cabinet le cuivre chloruré, l'euclase, le salpêtre du Pérou, etc.

En 1784, une très-belle série de minéraux de Hongrie et de Transylvanie était envoyée à Buffon par l'empereur Joseph II.

Vers 1785, Catherine II, impératrice de Russie, adressait à son tour à Buffon un choix nombreux de minéraux, principalement de Russie.

De 1770 à 1800 environ, Dolomieu rapportait de magnifiques séries minéralogiques et géologiques, du Portugal, de Sicile, des Alpes, des Grisons, du Tyrol, etc.

A peu près pendant la même période, Faujas de Saint-

Fond récoltait les produits des volcans éteints du Vivarais et de l'Auvergne. Il faisait plusieurs voyages et rapportait divers objets précieux qu'il avait recueillis lui-même ou qu'il avait obtenus en les demandant au nom de Buffon.

Tels furent les développements successifs que prit la collection minéralogique et géologique, pendant la longue et utile administration de Buffon, de 1739 à 1778.

A Buffon succéda, comme intendant du jardin du Roi, de la Billarderie; à sa mort, celui-ci fut remplacé par Bernardin de Saint-Pierre. Il s'écoula environ quatorze années, jusqu'en 1793. Pendant cet intervalle de temps, l'établissement resta à peu près stationnaire, surtout vers les dernières années, au milieu des vives agitations politiques de cette époque.

En 1793, le jardin et le cabinet du Roi subirent une profonde transformation : ils furent complétement réorganisés par un décret de la constituante, rendu le 10 juin, sur un rapport de Lakanal, président du comité de l'instruction publique; ils prirent le titre de *Muséum d'histoire naturelle;* douze chaires furent créées pour l'enseignement des diverses branches de l'histoire naturelle, et les professeurs devinrent eux-mêmes administrateurs de l'établissement.

La forme et la direction nouvelles qui furent imprimées alors au Muséum sont restées, à peu de chose près, les mêmes, jusqu'aujourd'hui.

La réorganisation, en régularisant l'enseignement de chacune des branches de l'histoire naturelle, en confirmant les collections établies, en créant de nouvelles chaires, etc., donna une vive impulsion aux développements de l'établissement.

En particulier, pour la branche de l'histoire naturelle qui fait l'objet plus spécial de ce travail, la création de deux chaires distinctes favorisa essentiellement l'accroissement des collections. Les deux chaires établissaient pour la première fois l'enseignement en quelque sorte officiel et spécial des corps inorganiques, et en même temps traçait une séparation entre les deux sciences minéralogique et géologique. Les collections se rattachant à ces deux sciences furent dès lors établies à part et devinrent distinctes l'une de l'autre; par la division du travail de classification, leur accroissement prit bientôt les plus vastes proportions.

Dix ans plus tard, Cuvier arriva comme professeur au Muséum. L'administration de Buffon avait donné au jardin du Roi le plus grand essor; la renommée et l'influence européenne de Cuvier achevèrent de l'amener à sa splendeur actuelle.

Les collections augmentèrent de nouveau en nombre.

Dès l'an 1795, le Muséum recevait le cabinet du Stathouder, pris lors de la conquête de la Hollande, et riche dans toutes les branches d'histoire naturelle. Cette collection nous est restée, même après 1815, par suite de circonstances particulières.

En 1796, le gouvernement faisait don d'une riche collection de pierres précieuses qui était déposée à l'hôtel des Monnaies, et, en même temps, d'une pépite d'or du poids de 24 marcs 4 onces.

En 1800, le roi de Danemark adressait quelques beaux échantillons de minéralogie au Muséum.

De 1800 à 1806, l'expédition de découvertes aux terres australes et dans l'archipel des iles de la Sonde, par Leschenault de la Tour, et l'exploration de la presqu'île de l'Inde et de Ceylan par le même voyageur, enrichissaient les collections de minéralogie et de géologie de nombreux échantillons; Quoy et Gaimard rapportaient aussi des terres australes de nombreuses séries du même genre.

Cependant, malgré cette riche affluence de produits, le cabinet de minéralogie ne possédait pas encore une suite régulière d'espèces.

En 1802, une collection de minéraux très-étendue, comprenant plus de 1600 pièces de toutes dimensions, et la plupart d'une grande valeur, fut apportée en France par un naturaliste allemand, M. Weiss, dont le nom est aujourd'hui célèbre dans la science; ce savant avait mis vingt ans de travaux et de soins à réunir les échantillons. Sur un rapport des professeurs du Muséum, communiqué à l'empereur par Chaptal, qui était alors ministre de l'intérieur, la collection fut en partie achetée par le gouvernement, et en partie obtenue contre échanges; elle compléta ainsi celle du Muséum d'histoire naturelle.

Dans la même année (1802), Geoffroy Saint-Hilaire fit don au Muséum des objets qu'il avait recueillis en Égypte; pendant un séjour de quatre années.

En 1808, ce savant rapporta de Lisbonne une riche et nombreuse série d'objets d'histoire naturelle, parmi lesquels de remarquables échantillons minéralogiques, provenant principalement du Brésil (or, diamants, topazes, etc., etc.).

1.

En 1810 et en 1812, la collection reçut plusieurs pièces très-précieuses du roi de Suède.

En 1825, le cabinet de la monnaie de Paris fit don d'une suite nombreuse de minéraux, la plupart d'une grande valeur.

En 1815, de très-beaux échantillons d'Italie et d'Allemagne furent envoyés par l'empereur d'Autriche.

En 1826, le roi de France détachait de son cabinet, pour celui du Muséum, un grand nombre de morceaux remarquables.

En 1835, une collection, ayant appartenu à Gilet de Laumont, fut achetée par le gouvernement, pour le Muséum; elle comprenait plusieurs séries, parmi lesquelles : 1° la suite, si intéressante au point de vue de l'histoire de la science, des cristaux en terre cuite de Romé de l'Isle; 2° la collection minéralogique particulière de ce savant (1); 3° une autre collection minéralogique d'ensemble, faite par Gilet de Laumont, etc. Le nombre total des pièces minéralogiques (échantillons en nature, modèles de cristaux en terre cuite, etc.) qui entrèrent au cabinet par cette précieuse acquisition, s'éleva à plus de 4,000, ainsi qu'il résulte des catalogues.

En 1836, le corps des ingénieurs des mines de Saint-Pétersbourg fit don au Muséum d'un très-beau choix de minéraux de Russie.

En 1848, la célèbre collection de l'abbé Haüy, qui

(1) Le catalogue original de cette collection, fait dans un ordre méthodique et très-détaillé, écrit de la main même de Romé de l'Isle, est déposé aux archives du laboratoire de minéralogie. Il porte 941 numéros, dont la plupart comprennent plusieurs échantillons.

depuis de nombreuses années avait passé en Angleterre, fut acquise pour le Muséum, par décret de l'assemblée nationale ; près de 8 000 échantillons furent introduits dans le cabinet de minéralogie par cette importante acquisition, qui rendit à la France une richesse qu'elle n'avait vu qu'avec regret passer à l'étranger. Cette collection avait été formée par l'illustre fondateur de la minéralogie cristallographique, à l'appui de ses importants travaux ; elle fut plus tard achetée, des héritiers de Haüy, par le duc de Buckingham, et dès lors transportée en Angleterre. Elle a été rachetée, comme nous l'avons dit, en 1848, aux frais du gouvernement français, sur l'initiative de M. Dufrénoy, professeur actuel de minéralogie (1). Cette collection si précieuse, principalement sous le point de vue de l'histoire de la science, est rentrée ainsi en France d'où elle n'aurait jamais dû sortir.

Enfin, vers le commencement de l'année actuelle (1855), le cabinet de minéralogie s'est enrichi d'une belle série de minéraux de Russie, qui avait été envoyée à l'Institut de France, en 1833, par l'empereur Nicolas Ier ; elle a été remise, cette année (1855), par l'Institut, au Muséum d'histoire naturelle, auquel elle était primitivement destinée ; elle comprend 465 numéros, dont un certain nombre se rapportent à des objets

(1) L'assemblée des professeurs du Muséum, qui attachait un grand intérêt à l'acquisition de cette collection, ne craignit pas d'engager sa responsabilité pour l'obtenir, et invita M. Dufrénoy à aller à Shaw-House suivre la vente qui se faisait chez feu le duc de Buckingham ; M. Dufrénoy fut assez heureux pour acheter la collection à un prix avantageux. Le gouvernement s'empressa plus tard de ratifier les démarches qui avaient été faites par l'assemblée.

de grande valeur, tels qu'émeraudes vertes, béryls, cristaux d'or natif, topazes, malachites, etc., etc., et se font remarquer par leur volume et leur belle conservation.

Nous n'avons pas encore parlé d'une suite précieuse de minéraux de Chine que possède le cabinet de minéralogie, depuis plusieurs années; nous ignorons en quelle date précise cette collection est entrée au Muséum; nous savons seulement qu'elle a été donnée par Adrien de Jussieu; elle avait été envoyée de Chine à Vandermonde, et avait passé ensuite en la possession de Jussieu. Elle se compose de 75 numéros; sur chaque échantillon est inscrit le nom chinois du minéral, en caractères chinois et en caractères français. La détermition en a été faite en 1837, par Al. Brongniart et Éd. Biot; ces deux illustres savants ont dressé un catalogue sur lequel, plus tard, M. Stanislas Julien, de l'Institut, a rectifié les prononciations et ajouté les caractères chinois correspondants; cette collection fait connaître en particulier les principaux éléments employés en Chine pour la fabrication de la porcelaine.

En traçant l'histoire de la collection de minéralogie, nous venons de passer rapidement en revue quelques-unes des principales sources qui ont fourni à l'augmentation de cette collection, depuis son origine jusqu'à l'époque actuelle; nous avons énuméré en particulier quelques-uns des dons les plus importants qui lui ont été faits successivement, soit par l'État, soit par différents particuliers.

Nous voudrions exposer ici la liste complète des donateurs; ce serait rendre un juste hommage à la générosité des personnes zélées qui s'intéressent à l'agrandissement de nos collections et, par conséquent, aux progrès de la science; mais le peu d'espace qui nous est réservé s'opposerait à notre désir. Nous ne pouvons qu'ajouter encore quelques noms à ceux que nous avons déjà cités, et auxquels les collections doivent le plus; nous les donnons par ordre alphabétique : M. Becquerel (professeur actuel de physique appliquée au Muséum), Berzelius, le comte de Bournon, Al. Brongniart (professeur de minéralogie au Muséum avant M. Dufrénoy), Claussen, M. Cordier (professeur actuel de géologie au Muséum), Ebelmen, Giesecke, M. Halphen, Heuland, M. Hugard, M. de Humboldt, M. le duc de Luynes, Maravigna, Parga, M. Pentland, M. A. Sismonda, Struve, Thomson, Tondi, Vauquelin, etc., etc.

M. le professeur Dufrénoy a donné à la collection, depuis la fin de 1847, époque de sa nomination au Muséum, de nombreuses pièces, qui ont enrichi principalement les séries de cristaux, aux Espèces.

Indépendamment des dons faits par l'État, par les souverains, par les corps scientifiques et par les particuliers, le cabinet de minéralogie s'est enrichi des acquisitions qu'il a faites successivement, sur les ressources annuelles de son budget. Par l'édit de Louis XIII qui institua en 1635 l'établissement, 400 livres tournois, par an, avaient été assignées pour *l'achat des drogues*. Dans les années subséquentes, les ressources financières de l'établissement, et spécialement celles qui furent destinées à l'acquisition des objets d'histoire naturelle, augmentèrent successivement. Elles montaient, sous l'administration de Buffon, à un chiffre assez élevé. Elles augmentèrent encore, lors de la nouvelle organisation, en 1793, et un budget spécial fut assigné à chaque collection.

La répartition des fonds consacrés au Muséum d'histoire naturelle a lieu encore aujourd'hui sur les bases établies en 1793, avec quelques modifications, toutefois, que les circonstances ont dû apporter. Le budget en particulier de la minéralogie, quoique bien restreint, a suffi, chaque année, pour l'acquisition de nombreux objets, et la collection s'est tenue constamment au courant des nouveautés qu'ont apportées successivement les progrès incessants de la science, les découvertes, ou les voyages.

Le précis historique qui précède concerne principalement la collection de minéralogie; mais l'origine et les développements successifs de la collection de géologie ont subi les mêmes phases et se lient essentiellement à ceux de la collection précédente. Faire l'histoire de l'une, c'est donc implicitement comprendre l'histoire de l'autre.

Les échantillons de géologie, comme ceux de minéralogie, ont pendant longtemps fait partie du droguier; ils n'étaient pas, dans le principe, séparés ou distincts les uns des autres; mais les mêmes sources qui avaient apporté des minéraux au Muséum, avaient en même temps fourni quelques échantillons, qui font aujourd'hui partie de la collection géologique.

Ajoutons, cependant, que la géologie, science de création si récente, n'a pas dû compter, pendant la première période du développement du Muséum, un accroissement aussi rapide en échantillons que la minéralogie : à peine le nom même de *géologie* commençait-il à être usité.

Daubenton, Dolomieu et Faujas de Saint-Fond ont rassemblé les premiers échantillons de géologie ; mais les principaux accroissements de la collection sont dus à M. Cordier, professeur de géologie actuel, ainsi que nous le verrons plus loin.

Enseignement de la Minéralogie et de la Géologie, et professeurs depuis l'origine du Muséum jusqu'à l'époque actuelle.

Dans le principe, durant les premières années qui suivirent la création du *jardin* et du *cabinet du Roi,* la minéralogie et la géologie ne firent point le sujet d'un enseignement spécial ; les échantillons, dans le *droguier,* qui se rapportaient à cette branche de l'histoire naturelle, durent être d'abord considérés comme objets chimiques, et, comme tels, pendant longtemps sans doute, ils ne servirent que de pièces à l'appui de certaines explications ou démonstrations, dans les leçons de chimie.

En effet, comme nous l'avons dit précédemment, page 2, trois chaires seulement avaient été d'abord instituées : deux de botanique, et une de chimie ; ces chaires furent les seules instituées au Muséum, pendant plus de trente-quatre ans, à dater de sa fondation. En 1643 seulement, fut ajoutée une chaire d'anatomie ; mais celle-ci ne doit pas nous occuper ici.

Les premiers professeurs, comme nous savons,

eurent le titre de *démonstrateurs* et *opérateurs pharma-ceutiques*. En 1745, une place de *garde démonstrateur* du cabinet du Roi fut créée par Buffon, et cette place fut accordée à Daubenton.

La place de *garde du cabinet* existait déjà, il est vrai, depuis plusieurs années, et était occupée par Bernard de Jussieu; mais le titulaire n'était nullement chargé de la démonstration des objets; ce soin fut dévolu pour la première fois à Daubenton.

A dater de la nomination de Daubenton comme garde démonstrateur, commença une espèce d'enseignement de la minéralogie et de la géologie au Muséum. Les objets, par les soins de Daubenton, avaient été, comme nous l'avons dit, pour la première fois divisés suivant les analogies de caractères, et les séries des trois règnes, complétement séparées; les jours où le cabinet était ouvert au public (il avait été ouvert pour la première fois, quelques années auparavant, par Bernard de Jussieu), Daubenton se plaisait à montrer les échantillons et à les expliquer aux curieux; il donnait les éclaircissements qui lui étaient demandés, et souvent des naturalistes étrangers venaient le trouver pour s'instruire auprès de lui.

Cette sorte d'enseignement ou plutôt de démonstration, qui ne manquait pas d'utilité, fut la seule pratiquée pendant plus de quarante-huit années, et subsista jusqu'à la nouvelle organisation, en 1793; Daubenton en resta chargé jusqu'à cette époque. Plusieurs années après son entrée en fonctions, il s'était adjoint, comme sous-démonstrateur, Daubenton le jeune. Celui-ci fut remplacé ensuite par Lacépède.

Mais l'importance croissante des minéraux commençait à rendre indispensable, au jardin du Roi, l'organisation de l'enseignement spécial de la minéralogie.

En 1787, Buffon obtint la création d'une place d'*adjoint au garde du cabinet ;* son choix tomba sur Faujas de Saint-Fond, déjà connu par des travaux estimés de minéralogie. Dès lors, la minéralogie compta deux représentants au jardin du Roi : Daubenton et Faujas de Saint-Fond.

En 1793, comme nous avons vu, le décret qui organisa à nouveau l'établissement, en lui conférant le nom de *Muséum d'histoire naturelle*, avait établi douze chaires pour l'enseignement de l'histoire naturelle ; de ce nombre furent une chaire de minéralogie et une de géologie ; Daubenton fut nommé professeur de minéralogie, et Faujas de Saint-Fond professeur de géologie, chargé en même temps des instructions aux voyageurs.

L'enseignement de la minéralogie et de la géologie devint dès lors tout à fait distinct de celui de la chimie, et forma un corps de science à part.

A Daubenton (mort en 1799) a succédé, en 1800, Dolomieu.

Dolomieu a été remplacé, à sa mort, par Haüy (en 1801).

En 1822, Alexandre Brongniart, qui secondait Haüy, depuis quelques années, dans son enseignement, fut appelé à le remplacer.

Alexandre Brongniart a eu pour successeur, en 1847, M. Dufrénoy, professeur actuel.

La chaire de géologie n'a compté encore que deux professeurs : Faujas de Saint-Fond, nommé lors de la

nouvelle organisation ; et, comme successeur de celui-ci,
M. Cordier, professeur actuel, nommé en septembre
1819.

Galeries successives de minéralogie et de géologie.

Les échantillons de minéralogie et de géologie, lorsqu'ils faisaient encore partie du droguier, étaient placés
dans le premier corps de bâtiment acquis lors de la
fondation de l'établissement, et qui forme aujourd'hui
le centre de l'édifice où sont logées les collections de
zoologie. Le même bâtiment servait en même temps de
logement à l'intendant du Jardin.

Jusqu'en 1739, à l'arrivée de Buffon, deux petites
salles seulement continrent tous les objets d'histoire
naturelle. A ces deux premières salles, Buffon substitua
plus tard deux salles plus grandes, qui avaient fait
partie du logement de l'intendant.

En 1766, Buffon abandonna tout à fait la maison
aux collections. Dès lors, celles-ci occupèrent quatre
grandes salles, dont deux furent consacrées aux animaux empaillés, une aux minéraux, et une aux végétaux.
Ces quatre salles furent ouvertes au public, deux jours
de la semaine, et les élèves eurent des heures réser-
vées pour l'étude. Elles ont formé seules les galeries
d'histoire naturelle, jusqu'à la nouvelle organisation,
en 1793.

En 1794, on ajouta à la maison un second étage
éclairé par le haut ; le travail fut terminé en 1801,
sous le ministère Chaptal.

En 1806, la collection de minéralogie occupait la
deuxième, troisième et quatrième salle du premier

étage; en tout, soixante armoires. Elle se composait :
1° d'une suite d'échantillons relatifs aux espèces proprement dites; 2° d'une autre suite d'échantillons formant la collection d'étude.

En 1808, trois nouvelles salles furent encore ajoutées,
et on prolongea le deuxième étage jusqu'à la terrasse
au-dessus de la rue. Le travail fut achevé en 1811 et
permit, dès cette époque, d'arranger les collections.
L'une des trois nouvelles salles fut destinée aux roches;
les deux autres, aux produits volcaniques et à la collection des fossiles de Cuvier.

En 1837, les minéraux occupaient encore deux salles
dans l'ancien bâtiment; mais, depuis 1833, un nouvel
édifice était en construction, destiné à contenir les collections de minéralogie et de géologie; cet édifice ne
tarda pas à être prêt, et reçut immédiatement les collections, qui y sont déposées aujourd'hui.

IMPORTANCE DES COLLECTIONS ACTUELLES DE MINÉRALOGIE ET DE GÉOLOGIE.

1° De Minéralogie.

Les catalogues, tant généraux que particuliers, qui
constatent le nombre des échantillons dont se compose la collection de minéralogie, catalogues sur lesquels
nous donnerons plus loin quelques détails, portent
environ 26 500 numéros; 500 ou 600 en plus, se rapportant principalement aux échantillons de la collection
de Russie dont nous avons parlé précédemment, page 11,

devront être ajoutés aux catalogues, ce qui portera à 27 000 environ le nombre total des échantillons dont se compose aujourd'hui la collection de minéralogie du Muséum d'histoire naturelle.

Les faits que nous avons rapidement tracés dans le court historique qui précède, nous ont suffisamment montré l'importance et la valeur de notre collection. Sans nul doute, peu de collections minéralogiques, ou peut-être aucune collection minéralogique, en Europe, n'offre un ensemble aussi nombreux. Ajoutons que les échantillons possèdent non-seulement la valeur du nombre, mais beaucoup plus encore celle du volume, du choix, de la belle conservation, enfin de l'ensemble des caractères. Sous tous ces rapports, la collection minéralogique du Muséum ne paraît pas avoir d'égale.

2° Importance de la collection actuelle de Géologie.

Vers l'année 1829, époque à laquelle M. Cordier fut nommé professeur de géologie, les collections de géologie ne contenaient guère que 1 200 échantillons de roches de tout volume, la plupart sans localité, et environ 300 échantillons de débris fossiles mal caractérisés, de végétaux, de zoophytes et de mollusques, etc.

Depuis trente ans, il est entré dans la collection plus de 175 000 échantillons de roches, sans compter les débris organiques fossiles isolés, dont le nombre s'élève à plus de 23 000 échantillons ou boîtes contenant plusieurs individus.

Ces chiffres sont assez éloquents pour montrer l'importance de la collection de géologie actuelle.

TENUE GÉNÉRALE DES COLLECTIONS DE MINÉRALOGIE ET DE GÉOLOGIE. — SYSTÈME DE NUMÉROTAGE DES ÉCHANTILLONS. — CATALOGUES, ETC.

1° Collection de Minéralogie.

Nous avons parlé précédemment de catalogues qui constatent le nombre et la nature des échantillons composant la collection minéralogique ; ces catalogues sont déposés au laboratoire de minéralogie ; chaque échantillon y est porté sous une désignation spéciale qui établit l'origine, le donateur, la description succincte du morceau, les indications de la localité, du gisement, enfin le placement dans la collection.

Un numéro précède, sur le catalogue, cette désignation de l'objet, et le même numéro est porté sur l'échantillon, de telle sorte que, du catalogue à l'échantillon, ou de celui-ci au catalogue, on peut toujours remonter à tout objet inscrit et retrouver telle désignation qui lui appartient.

Le numéro inscrit sur l'échantillon, soit à l'encre sur une rondelle de papier collée au morceau, soit à la peinture à l'huile et au minium, se compose de deux séries de chiffres : une première série indique l'année d'entrée de l'échantillon, par les deux derniers chiffres de cette année ; exemples : 35, pour 1835 ; 54, pour

1854 ; etc. La seconde série de chiffres, séparée de la précédente par un point, sert à indiquer le numéro particulier qu'a pris l'échantillon dans l'année où il est entré. Exemple : 35.447 ; le nombre 447 indique que l'échantillon est le *quatre cent quarante-septième* de l'année 1835.

Avec chaque année, commence une nouvelle série de numéros, partant du n° 1 ; mais deux ou plusieurs de ces numéros, identiques dans deux ou plusieurs séries, par exemple le n° 1, ne sauraient se confondre entre eux, car chacun est précédé de chiffres différents qui indiquent les années différentes, tels que 45.1, 53.1, etc.

Les premiers catalogues réguliers qui ont été dressés de la collection de minéralogie, datent du professorat de M. Brongniart ; le laboratoire de minéralogie, où sont déposées un grand nombre de pièces qui établissent le développement progressif de la collection, ne possède pas de catalogues réguliers, antérieurs à ceux écrits de la main de M. Brongniart.

Cet illustre savant fut nommé, comme nous le verrons plus loin, professeur de minéralogie, en 1822 ; les plus anciens catalogues écrits de sa main portent, pour première série de chiffres, l'année 1800 ; sans doute, pendant les premières années qui ont suivi sa nomination, il a réparti sur les années antérieures à 1822 les échantillons qui composaient la collection avant son entrée au Muséum ; le nombre de ces échantillons s'élevait à 4 174.

A partir de 1822 seulement, M. Brongniart a fait figurer sur chaque année les échantillons qui entraient au cabinet pendant cette année.

Depuis 1822 jusqu'à 1847, époque de sa mort, Brongniart a catalogué 8 631 numéros, parmi lesquels 1 435 de la collection Gilet de Laumont. Si l'on retranche ce nombre du précédent, il reste 6 196 numéros qui, répartis sur les vingt-six années du professorat de M. Brongniart, font une moyenne annuelle de 238 entrées environ.

Depuis 1847, époque de la nomination de M. Dufrénoy à la chaire de minéralogie, jusqu'à 1854 inclusivement, le nombre des échantillons entrés en collection et portés aux catalogues, s'est élevé à 4 209, non compris les échantillons de la collection Haüy ; en moyenne, sur sept années, 600 numéros par année.

Il résulte de ces notes que, dans ces dernières années, l'augmentation de la collection de minéralogie a été progressive, dans la proportion de deux tiers en plus des augmentations antérieures.

La collection s'est enrichie principalement de nombreuses séries de cristaux isolés, que le savant professeur a fait classer méthodiquement en tête des principales espèces minérales, pour simplifier l'étude de leurs formes géométriques. Ces classements cristallographiques, qui ont été commencé en 1849 et qui sont presque achevés, font aujourd'hui de la collection minéralogique du Muséum une collection unique en son genre, que viennent admirer et même étudier les plus savants minéralogistes.

2° Collection de Géologie.

La tenue de la collection géologique est, à peu de chose près, celle de la collection minéralogique. La réception des échantillons est consignée sur un registre spécial, avec numéro d'ordre, date de la réception, nom du donateur, voyageur ou vendeur, désignation sommaire de la nature des échantillons et de leur localité. Le numéro est reproduit à la fois sur le catalogue et sur l'échantillon. Plus tard, chaque don, envoi ou acquisition, est l'objet d'une détermination détaillée et d'un catalogue descriptif spécial.

Les bons catalogues font presque tout l'intérêt des échantillons de géologie : aussi les plus grands soins sont-ils donnés à leur rédaction, ainsi qu'aux recherches que ce travail exige le plus souvent. On les conserve précieusement, au laboratoire de géologie, et leur réunion y constitue des archives de la plus haute importance. Il en a été dressé près de neuf cents, depuis trente ans. Quelques-uns sont de véritables ouvrages, avec cartes et coupes de terrains. Beaucoup sont accompagnés de tous les documents scientifiques qu'il a été possible d'obtenir des explorateurs, soit par correspondance, soit verbalement.

DEUXIÈME PARTIE.

DESCRIPTION DE LA GALERIE ET DES COLLECTIONS
DE MINÉRALOGIE ET DE GÉOLOGIE.

Description de la galerie.

L'édifice qui contient aujourd'hui les collections de minéralogie et de géologie, a été construit, comme nous l'avons vu, de l'année 1833 à 1837 (1). Il est situé entre la rue de Buffon et le jardin. Son alignement est sensiblement de l'est à l'ouest ; l'un de ses longs côtés regarde au sud, et longe la rue de Buffon ; le côté opposé regarde au nord, vers le jardin ; sa largeur est de 15 mètres, sa longueur de 187 mètres ; il est divisé en trois parties, séparées, du côté du jardin, par des vestibules précédés de porches à colonnes, et du côté de la rue, par deux pavillons en avant-corps.

Les frontons des porches sont décorés de sculptures qui représentent des sujets allégoriques ; elles sont dues au ciseau habile de Lescorné. Deux statues colossales en marbre seront placées plus tard sur le balcon, en face de la croisée du milieu ; elles sont aujourd'hui simplement représentées en plâtre.

(1) La première pierre en a été posée par le roi Louis-Philippe, le 29 juillet 1833, Thiers étant ministre des travaux publics. La construction en avait été décrétée par une loi du 27 juin précédent. Les plans de ce bel édifice sont dus à M. Ch. Rohault, architecte du Muséum.

2

L'édifice renferme, non-seulement les collections de minéralogie et de géologie, mais encore celle de botanique (herbiers); les laboratoires de minéralogie, de géologie, de botanique; un amphithéâtre pour les cours; enfin la bibliothèque générale d'histoire naturelle du Muséum.

Les collections de minéralogie et de géologie sont placées dans la partie du milieu; la bibliothèque, dans l'aile au couchant; et la galerie de botanique, dans l'aile opposée, au levant.

Les pavillons en avant-corps, du côté de la rue, renferment, l'un, le laboratoire de géologie, l'autre, un amphithéâtre pour les cours publics.

L'entrée principale de la galerie est située à l'extrémité ouest de l'édifice, du côté du jardin; au-dessous du bas-relief du fronton, on lit en gros caractères : MINÉRALOGIE. BIBLIOTHÈQUE. Cette entrée conduit dans le vestibule ouest, qui sert d'intermédiaire à la fois à la bibliothèque, à l'amphithéâtre des cours et à la grande galerie.

Le vestibule contient les premières collections. Elles sont de deux genres : 1° Une collection des modèles de cristaux de Romé de l'Isle, qui, le premier, a attiré l'attention des personnes qui s'occupent d'histoire naturelle, sur la constance de la forme cristalline dans les minéraux. Ce savant a classé tous les cristaux en sept groupes; il a ouvert ainsi la voie aux grandes et belles découvertes de l'abbé Haüy. Sa collection se compose de 468 modèles de cristaux en terre cuite, qui ont été exécutés sous ses yeux et portent les numéros d'ordre des figures de la deuxième édition de son ouvrage, parue en 1783. On les voit ici rangés dans l'ordre de son *Système cristallographique*, publié en 1772. Cette précieuse collection avait été achetée par Gilet de Laumont ; elle est entrée au Muséum en 1835, avec l'ensemble de la collection de Gilet de Laumont, qui fut acquise, comme nous l'avons vu, à cette époque, par le gouvernement, pour le Muséum.

2° Une collection minéralogique qui porte le nom de *collection Haüy,* du nom du savant à qui elle a jadis appartenu. Elle a été acquise, en 1848, par décret de l'assemblée nationale, comme nous avons vu page 10 ; Haüy, l'illustre fondateur de la minéralogie cristallographique, l'avait formée à l'appui de ses travaux ; elle est ici classée d'après sa méthode et entièrement étiquetée de sa main. Cette collection précieuse comprend plus de 7 000 pièces.

Des peintures sur toile décorent le mur situé en face de la grande porte d'entrée ; ces peintures, par M. Biard, représentent des vues prises au pôle nord, et font partie d'un immense panorama de mer, de rochers et de glaciers, qui sera incessamment complété et occupera tout le pourtour de cette portion du vestibule. Des scènes animées donnent de la vie à ce tableau : l'une d'elles représente une chasse aux morses, l'autre, une chasse aux rennes.

Du vestibule, on pénètre dans la galerie, en laissant, sur la droite, la porte qui conduit à l'amphithéâtre des cours, et, derrière, celle qui mène à la bibliothèque.

On est frappé, en entrant dans cette galerie, de la

magnifique perspective qui se présente à la vue : trente-
six volumineuses colonnes d'ordre dorique supportent
le plafond sur toute la longueur de l'édifice, et donnent à
l'immense salle un caractère grandiose ; des ouvertures
bien ménagées versent sur tous les points de l'intérieur
une abondante lumière qui éclaire nettement jusqu'aux
moindres détails de l'ornementation, et aux plus petits
objets d'histoire naturelle qui sont ici rassemblés.

De belles peintures sur toile, par Rémond, sont fixées
dans les tympans des murs qui se font face aux deux
extrémités est et ouest de la galerie ; ces peintures représentent des sites pittoresques, choisis surtout au
point de vue de la nature inorganique ; elles ajoutent à
la décoration de l'intérieur.

Vers le milieu de la salle est une statue de Cuvier,
par P.-J. David d'Angers.

La galerie, qui n'a guère moins de 100 mètres de
longueur, est divisée en trois nefs : une, du milieu, formant la galerie basse ou galerie principale, et deux latérales, plus élevées que celle du milieu, constituant les
galeries hautes.

Des meubles, pour les échantillons, sont rangés de
chaque côté de la grande nef, sur toute sa longueur.
Ils sont construits dans un style mixte, de montres
vitrées et de corps à tiroirs. Les montres vitrées forment la partie supérieure et moyenne de ces meubles ;
les corps à tiroirs en constituent les soubassements.

Un autre corps de meubles à vitrines et tiroirs forme,
dans le milieu de la grande nef, une épine qui suit toute
la longueur de l'axe longitudinal du bâtiment.

Dans chacune des nefs latérales sont disposées encore

deux rangées de meubles à armoires vitrées ; l'une des rangées touche à la balustrade qui sépare la nef latérale de celle du milieu, et l'autre rangée est adossée au mur.

Deux grandes croisées, au milieu de la galerie, interrompent la série des armoires et laissent jouir de la vue du jardin, des serres et de l'entrée du labyrinthe.

Huit escaliers intérieurs rendent facile au public l'entrée des deux nefs latérales.

Distribution générale des collections de Minéralogie et de Géologie, dans les galeries.

La collection de minéralogie est placée exclusivement dans la galerie du bas ; elle occupe entièrement les armoires situées sur le côté gauche ou nord de cette galerie ; elle n'occupe que la portion vitrée, verticale et horizontale, des armoires situées en face, le long du côté droit ou méridional. Les corps à tiroirs, qui forment soubassement aux armoires de ce côté, sont destinés à la géologie, ainsi que les armoires vitrées des piédestaux des colonnes, de ce même côté.

Diverses pièces appartenant à la minéralogie sont, en plus, disséminées sur divers points de la galerie basse, en particulier sur les tables placées dans l'alignement des meubles de l'épine, et dans l'espace situé au milieu de la galerie, entre les deux grandes croisées.

Le laboratoire de minéralogie et son magasin des doubles, sont situés au-dessous de la galerie haute du midi, et s'étendent depuis le commencement de cette galerie (extrémité ouest), jusqu'à son milieu.

Les collections de géologie occupent le reste des meubles de la galerie basse que nous n'avons pas assignés à la minéralogie, c'est-à-dire les tiroirs des armoires qui longent le côté sud de la galerie, les armoires des piédestaux des colonnes du même côté, les meubles qui forment l'épine, moins les tables intercalées d'espace en espace entre ces meubles, et qui appartiennent en commun à la minéralogie et à la géologie. La géologie occupe tous les meubles de la galerie haute du nord, et enfin les vitrines horizontales qui s'étendent le long de la balustrade de la galerie du sud.

Les couloirs situés au-dessous de la galerie du nord sont encore occupés par les collections de géologie; le couloir qui s'étend du milieu de la galerie du sud jusqu'à son extrémité est, appartient de même à la géologie. Enfin nous avons dit précédemment que dans le pavillon de l'est était le laboratoire principal de géologie.

Classement particulier de la collection de Minéralogie.

Nous savons que la collection de minéralogie est tout entière dans la galerie basse; voici ses divisions principales et leur classement particulier:

1° Sous les cages de verre horizontales, ou *vitrines,* au pied des armoires verticales, sont placés l'espèce minérale, ses caractères et ses variétés;

2° Les armoires, au-dessus des vitrines, contiennent les pièces volumineuses qui se rapportent aussi à l'espèce minérale, mais qui n'auraient pu tenir dans les vitrines;

3° Dans les armoires des piédestaux des colonnes, côté du nord, ou à gauche en entrant, sont distribuées, du n° 1 au n° 17, les pièces qui se rapportent à la minéralogie technologique;

4° Les tiroirs du côté du nord, ou à gauche en entrant, du n° 1 au n° 672, renferment une seconde série d'échantillons pour les leçons.

Une cinquième division de la minéralogie comprendra bientôt des collections géographiques ; ces collections auront un intérêt tout nouveau pour la science, en montrant les relations qui existent entre la formation des minéraux et leur réunion dans les mêmes gîtes. Quelques-unes d'entre elles sont déjà prêtes et seront mises en place incessamment : celle de Russie, par exemple, dont nous avons parlé page 11, une autre des Alpes de la Suisse, et une troisième du Tyrol ; ces deux dernières ont été recueillies dans un voyage fait par M. Hugard en 1854, et données, cette même année, au Muséum. Le local qui sera consacré aux collections géographiques n'est pas encore déterminé.

Description des objets les plus précieux de la collection de Minéralogie.

Nous avons pénétré dans la galerie, par son entrée la plus ordinaire, située à son extrémité ouest.

Devant nous se présente l'épine médiane des meubles, qui court le grand axe de cette galerie, et que nous savons être consacrée à la géologie. A droite et à gauche, du côté du sud et du côté du nord, sont les meubles adossés aux soubassements et nefs latérales des colonnes ; ces meubles, avons-nous dit, sont en grande partie occupés par la minéralogie.

Dans l'espace compris entre la porte par laquelle nous sommes entrés et le commencement des trois séries de meubles, espace qui se prolonge quelque peu à droite et à gauche, vers les petits escaliers qui conduisent dans les galeries supérieures, nous rencontrons déjà quelques objets, placés ici hors série, à cause de leur volume, et appartenant principalement à la géologie. Ces objets sont les suivants :

A gauche en entrant : *colonnes prismatoïdes de basalte.*

Le basalte est une sorte de roche volcanique qui montre la singulière propriété de se diviser, par le refroidissement, en solides presque réguliers.

Troncs de bois complétement transformés en silice; l'un de ces bois pétrifiés *(silicifiés,* a près de 2 mètres de hauteur sur 2 décimètres de diamètre.

La matière pierreuse, en se substituant à la substance organique dans ces végétaux, qui ont vécu antérieurement au déluge, a conservé jusqu'aux plus minimes détails de leur structure intérieure.

A droite de la porte, en entrant, sont exposés encore des *bois silicifiés.* L'un de ces bois, scié et poli en travers, est très-remarquable, en ce qu'il montre nettement la structure intérieure d'un palmier.

On voit, de plus, d'autres prismes basaltiques, de formes analogues aux précédents.

En dernier lieu, une grande plaque de *grès flexible.*

Contre le mur, de chaque côté de la porte, sont deux paysages de Rémond, dont nous avons déjà parlé ; ils représentent : l'un, les *rochers calcaires du Fletschberg et la cascade de Staubach (Oberland bernois);* l'autre, les *terrains d'alluvion de la vallée de l'Aar, entre Meyringen et le lac de Brienz (canton de Berne).*

En avant de la porte, à l'extrémité de l'épine, est placée l'une des pièces capitales de la galerie. C'est un énorme *cristal* de *quartz* (vulgairement *cristal de roche*), sous la forme d'une pyramide à six faces triangulaires, qui n'a pas moins de 90 centimètres de haut et 1 mètre de large; ce beau cristal provient *du glacier de Fiesch (haut Valais) ;* il a été apporté en France, par ordre de l'empereur Napoléon le Grand; il a figuré parmi les objets de sciences et d'arts recueillis en Italie, et portés en triomphe au Champ de Mars, dans les journées des 9 et 10 thermidor an 5 (26 et 27 juillet 1797).

Nous arrivons maintenant à la collection minéralogique proprement dite. La division de cette collection, qui comprend les espèces avec leurs principaux caractères, est exposée, avons-nous dit, dans la portion vitrée des meubles qui longent le côté gauche ou nord de la galerie, et de ceux qui longent le côté sud; elle commence avec les premiers meubles du côté nord.

Nous allons partir de ce point. L'ordre dans lequel il nous sera le plus commode de parcourir la galerie est précisément celui du classement même de la collection.

Les armoires adossées aux soubassements des colonnes, du côté nord de la galerie, sont destinées principalement à la minéralogie technologique, autrement dit, à la minéralogie appliquée aux arts et à l'industrie. Toutefois, la première de ces armoires contient exceptionnellement des objets étrangers à la technologie : ce sont des *cristaux et produits minéralogiques divers, obtenus au moyen de procédés électro-chimiques,* par M. Becquerel, professeur actuel de physique appliquée, au Muséum, et donnés par ce savant en 1852.

Cette collection est extrêmement intéressante par le grand nombre et la variété des produits, et aussi par les moyens qu'elle peut fournir d'interpréter comparativement l'origine et le mode de formation des minéraux naturels.

Dans les premières armoires et vitrines, des n^os M. 1 à M. 33, sont exposées des séries d'échantillons, ou objets divers, qui servent à représenter les caractères *géométriques (cristallographiques)*, *extérieurs* et *physiques* des minéraux. Les armoires et vitrines qui suivent contiennent les espèces, distribuées par ordre méthodique.

M. 1 A M. 9. ARMOIRES ET VITRINES (1).
CARACTÈRES CRISTALLOGRAPHIQUES DES MINÉRAUX.

Les minéraux se présentent fréquemment dans la nature sous la forme de polyèdres ou solides à faces planes et brillantes, qui ne le cèdent souvent en rien, pour la netteté et la symétrie de toutes leurs parties, aux solides les plus réguliers de la géométrie; ces corps, si parfaits qu'on les dirait souvent produits par la main de l'homme le plus habile, ont reçu le nom de *cristaux*. Les caractères qu'ils fournissent, pour reconnaître les minéraux, prennent le nom de *caractères cristallographiques.*

Les armoires contiennent des objets en nature se rapportant aux divers caractères que présentent les cristaux : angles, forme, structure, symétrie, groupements, cristallogénie (ou production artificielle des cristaux), anomalies apparentes ou réelles, etc.

Les vitrines correspondantes renferment une nombreuse série de *modèles, en bois, de cristaux, représentant les six systèmes cristallins,* c'est-à-dire les six groupes dans lesquels on peut comprendre toutes les

(1) Les meubles sont divisés en trois compartiments : l'un, supérieur, vertical, ou *armoire;* l'autre, moyen, horizontal, ou *vitrine;* le troisième, inférieur, ou *corps à tiroirs.* Ils sont numérotés; les numéros sont inscrits vers le haut de l'armoire ou compartiment vertical; le même numéro se rapporte aux trois compartiments.

formes cristallines réelles ou possibles de la nature. Ces modèles sont diversement coloriés, suivant le système, et suivant aussi les différentes formes dans le même système. Chaque face différente porte une couleur différente. Cette collection est précieuse pour l'étude, en faisant voir, par un procédé simple, la manière dont toutes les formes cristallines dérivent les unes des autres pour constituer chaque système.

Armoire technologique n° 1.

Tête en mosaïque de pierres naturelles (jaspes, marbres, etc.), exécutée à Rome par C. Ciuli, en 1828; — assortiment des pierres qui ont été employées pour la confection de la tête.

Mosaïque pierreuse employée par les anciens Romains, pour planchers et autres revêtements de leurs maisons; fragment.

Pierres de construction employées à Florence.

Pierres de construction employées à Paris et dans ses environs.

M. 10. Armoire et Vitrine.
Formes pseudo-régulières des minéraux.

Polyèdres irréguliers produits par diverses causes.

23.642 (1). *Marne calcaire jaunâtre, divisée par retraits intérieurs;* de Saint-Maur, près Paris.

23.643. *Pyramide à quatre faces, produite par re-*

---

(1) Numéros inscrits sur l'échantillon et se rapportant au catalogue; le premier ordre de chiffres, séparé par un point du suivant, indique en abrégé l'année d'entrée de l'échantillon; le second ordre de chiffres indique le numéro d'entrée de l'échantillon, dans la série de l'année.

trait intérieur, dans une marne ; de Montmartre.

34.124 a. *Lignite prismatoïde, du voisinage d'un filon de basalte qui traverse le lignite ;* de Hirschberg, en Hesse.

Les basaltes prismatiques que nous avons observés en entrant dans la galerie sont aussi des exemples de polyèdres irréguliers, produits par retrait d'une matière passant de l'état de fusion à l'état solide.

M. 11. ARMOIRE ET VITRINE.

FORMES EMPRUNTÉES (épigénies).

Les minéraux peuvent se substituer les uns aux autres, de telle sorte que, sous la forme déterminée d'un minéral préexistant, on trouve la composition d'un autre minéral. Il y en a de deux sortes : les *épigénies minérales* et les *épigénies organiques.*

1° ÉPIGÉNIES MINÉRALES.

34.114. *Gypse lenticulaire, en quartz ;* de Gentilly, sud de Paris.

28.149. *Fer oligiste, sous la forme de la pyramide allongée de la chaux carbonatée ;* de Sundwig.

M. 12. ARMOIRE ET VITRINE.

ÉPIGÉNIES MINÉRALES (suite).

M. 13. ARMOIRE ET VITRINE.

2° ÉPIGÉNIES ORGANIQUES (pétrifications, fossiles).

46.195. *Moules en calcaire, de différentes bivalves dont le test a disparu ;* des environs de Paris.

42.227. *Épigénie d'un polypier (astérie), en silex ;* des Antilles.

36.318. *Ananchites totalement remplacés par du silex pyromaque ;* de Meudon.

ARMOIRE TECHNOLOGIQUE N° **2**.

PIERRES ET ROCHES, POUR REVÊTEMENTS ET ORNEMENTS D'HABITATIONS.

Marbres divers.

Collection de *marbres des Pyrénées,* parmi lesquels on remarque principalement les suivants : *brèche Caroline,* de la commune de Médoux (Hautes-Pyrénées); marbre noir veiné de blanc, de la commune de Saint-Bertrand (Haute-Garonne); *bleu turquin,* de la commune d'Arpin (Hautes-Pyrénées); *marbre griotte,* de la commune de Signac (Haute-Garonne); *nankin coquillier,* de la commune de Mansioux (id.); etc.

26.345. *Albâtre calcaire oriental;* magnifique plaque polie.

M. **14**. ARMOIRE.

ÉPIGÉNIES ORGANIQUES (fin).

VITRINE.

Caractères extérieurs et caractères physiques des minéraux.

TRANSPARENCE; TRANSLUCIDITÉ; RÉFRACTION.

Ces différents caractères sont faciles à comprendre. La *réfraction* seule demande ici quelques explications : la lumière, en passant au travers des masses diaphanes, dévie de sa direction normale; c'est le phénomène que l'on désigne sous le nom de *réfraction.* Tous les minéraux transparents réfractent la lumière; mais certains d'entre eux font voir les images doubles au travers de leur masse; on donne à ce caractère particulier le nom de *réfraction double.*

— *Spath d'Islande poli,* à *réfraction double;* très-beau morceau, poli.

COULEUR.

Les couleurs sont quelquefois caractéristiques des minéraux, et servent à faire distinguer les espèces les unes des autres.

La vitrine contient plusieurs échantillons de minéraux caractérisés par la couleur, tels que *marcassite, orpiment* et *réalgar, cuivre carbonaté bleu* et *cuivre carbonaté vert,* etc.

M. 15. ARMOIRE.

COULEURS (suite) ; ÉCLAT ; IRISATION ; OPALISATION ; etc.

L'*éclat* dépend de la réflexion de la lumière à la surface des corps.

L'*irisation* consiste en un ensemble de teintes variées, plus ou moins vives, qui se présentent sur un même échantillon.

— *Fer oligiste, vivement irisé à sa surface;* de Framont (Vosges); fort beau morceau.

L'*opalisation* est un changement ou plutôt un déplacement de couleurs que l'on détermine dans l'intérieur de certains minéraux, lorsqu'on les fait mouvoir dans différents sens. Ce phénomène est connu dans l'opale noble, pierre très-recherchée en joaillerie; il est très-prononcé dans le labrador, etc.

29.24. *Opale noble,* dans une roche altérée; de Hongrie.

VITRINE.

ÉLECTRICITÉ : simple, polaire, pyro-électricité ; MAGNÉTISME : simple, polaire.

Par *magnétisme simple,* le minéral agit simplement sur l'aiguille aimantée; par *magnétisme polaire,* le minéral agit non-seulement sur l'aiguille aimantée, mais encore sur les substances simplement magnétiques, telles que limaille de fer, etc., qu'il attire très-fortement. Ce dernier genre de magnétisme est le plus remarquable dans les minéraux.

3.7. *Fer oxydulé magnétique (mine d'aimant),* avec limaille de fer adhérant à sa surface.

PHOSPHORESCENCE.

Quelques minéraux ont la singulière propriété de devenir lumineux dans l'obscurité, sous l'influence de certaines actions physiques, telles que la chaleur, l'électricité, la pression, la percussion, etc. On cite comme très-phosphorescents les minéraux suivants, qui sont représentés dans l'armoire : *spath fluor, chaux phosphatée, baryte sulfatée radiée* (dite *phosphore de Bologne*), etc.

M. 16. ARMOIRE.

ÉTAT D'AGRÉGATION : minéraux solides, liquides, gazeux, visqueux, pulvérulents, etc.

DURETÉ; TÉNACITÉ.

La *dureté* des minéraux se compare à celle d'un certain nombre de types, choisis parmi les espèces minérales et qui constituent l'*échelle de dureté*. Les types qui composent l'échelle de dureté sont les suivants, en commençant par le moins dur et en finissant par le plus dur : talc, gypse, calcaire, spath fluor, chaux phosphatée, feldspath, quartz, topaze, corindon, diamant. Le talc se laisse rayer par l'ongle; le quartz raye le verre, raye l'acier; le diamant raye tous les autres corps. Chacun des types de la dureté est représenté par un échantillon, dans l'armoire M. 16.

Ténacité. Les minéralogistes ont soin de distinguer entre la ténacité et la dureté; la première de ces propriétés est la difficulté qu'oppose un minéral à être cassé, et la dureté est la difficulté qu'il présente à être rayé. Un minéral très-tenace peut être très-tendre; ex. : certaines roches magnésiennes auxquelles on donne le nom de *serpentine*. Au contraire, un minéral très-dur peut ne pas être tenace; ex. : le diamant, qui se laisse casser facilement.

— *Jade,* l'un des minéraux les plus tenaces connus.

VITRINE.

FRAGILITÉ; FRIABILITÉ.

Le *grès*, la *craie*, etc., représentés ici par quelques échantillons, sont très-friables.

ÉLASTICITÉ; FLEXIBILITÉ.

— *Mica très-flexible,* en grande lame.

Le *mica* est connu vulgairement sous le nom de *verre de Moscovie;* les plus grandes lames de ce minéral viennent de Sibérie; elles sont quelquefois employées pour remplacer les vitres, sur les bâtiments de guerre. En effet, le mica est aussi transparent que le verre; d'un autre côté, à cause de sa flexibilité élastique, l'explosion du canon ne le brise pas, comme elle le ferait des carreaux de verre.

— *Élatérite.*

C'est une sorte de bitume demi-solide qui peut se comprimer dans la main comme une éponge.

38.368. *Amiante.*

Ce minéral est à l'état de fibres, qui ressemblent à du fil ou à de la soie; il est très-flexible.

7.114. *Grès flexible* de Villa-Rica, au Brésil.

M. 17. ARMOIRE.

TEXTURE.

On donne le nom de *texture* à la disposition intime du minéral à son intérieur ; il y en a différentes sortes : compacte, vitreuse, terreuse, etc., dont nous voyons ici plusieurs échantillons.

ONCTUOSITÉ.

C'est la propriété que présentent certains minéraux d'être doux et comme savonneux au toucher ; cette propriété appartient en général aux minéraux magnésiens.

HAPPEMENT A LA LANGUE.

Un minéral *happe* à la langue, lorsque, très-poreux, il en attire vivement l'humidité.

VITRINE.

PESANTEUR.

Des minéraux que l'on pourrait confondre par un ensemble de caractères extérieurs, se reconnaissent facilement par leur différence de poids, appréciée directement avec la main.

Baryte sulfatée et calcaire, en parallélipipèdes égaux, de poids très-différents.

CASSURE ; différentes sortes de cassure : conique, esquilleuse, conchoïdale, etc.

35.1267 et 35.1266. *Grès lustré, à cassure conique ;* de Daumont, près Paris.

M. 18. ARMOIRE.

CASSURE (suite).

39.120. *Jade néphrite,* de Turquie ; montrant le genre de *cassure* dite *esquilleuse.*

37.172. *Obsidienne* (verre volcanique), d'Islande ; à *cassure conchoïdale.*

Ce dernier genre de cassure présente comme une série de rides qui se suivent, assez analogues aux saillies qui existent sur certaines coquilles bivalves (en latin *concha*) ; de là le nom de cassure *conchoïdale.*

— *Quartz hyalin,* montrant un bel exemple de *cassure vitreuse.*

VITRINE.

STRUCTURE DES MINÉRAUX.

Le mot de *structure* est à peu près synonyme de celui de *texture*. on distingue différentes sortes de structure : *cristalline, lamellaire* ou *saccharoïde, fibreuse, schisteuse,* etc.

M. 19. ARMOIRE ET VITRINE.

FORMES PAR CONCRÉTION.

Les formes *par concrétion*, dites aussi *formes concrétionnées*, ou simplement *concrétions*, se produisent par dépôt lent de matières qui étaient tenues en dissolution dans un véhicule liquide.

Ces formes varient :

1° Concrétions en cristaux.

43.18. *Calcaire spathique sableux ;* gros échantillon, offrant une concrétion à surface cristallisée ; de la forêt de Fontainebleau.

2° Concrétions en sphéroïdes.

34.130. *Cuivre carbonaté bleu (azurite),* en concrétions sphéroïdales ; de Chessy, près Lyon.

3° Concrétions en stalactites, en stalagmites.

Les *stalactites* sont des formes allongées, cylindroïdes, telles qu'on en voit quelquefois suspendues à la voûte des grottes ou des cavernes souterraines. Généralement les stalactites sont de nature calcaire. Cependant d'autres substances minérales, telles que hydrate de fer, hydrate de manganèse, etc., peuvent aussi donner naissance à des stalactites.

27.222. *Calcaire, concrétionné en stalactite ;* de la caverne du Mamouth, dans le Kentucky (États-Unis).

2.605. *Manganèse oxydé, concrétionné en stalactite ;* de Hongrie.

2.516. *Fer hydraté, concrétionné en stalactite ;* de Hongrie.

Les *stalagmites* sont de formation analogue aux stalactites ; mais au lieu d'être très-allongées et suspendues à la voûte des grottes, comme ces dernières, elles s'étalent sur le sol et forment des cônes beaucoup plus surbaissés. Dans quelques cas, les stalagmites rejoignent les stalactites ; il en résulte de ces sortes de colonnades brillantes que l'on admire dans les grottes de Paros, d'Antiparos, et dans plusieurs autres grottes plus ou moins célèbres.

M. 20. ARMOIRE.

FORMES PAR CONCRÉTION (suite).

4° Concrétions en rognons.

Beaux échantillons de *manganèse oxydé, de malachite, d'agate calcédoine.*

5° Concrétions en cylindroïdes, en ellipsoïdes, en sphéroïdes, en orbicules.

Nous jugeons inutile de citer ici des exemples de chacune de ces sortes de concrétions.

M. 21. ARMOIRE.

FORMES PAR CONCRÉTION (fin).

6° Concrétions en pisolites, en oolites.

Les minéralogistes donnent le nom de *pisolites* à des concrétions globulaires, de la grosseur d'un pois ou à peu près, composées de petites couches concentriques, contenant d'ordinaire, dans leur milieu, un petit corps étranger, soit un grain de sable, soit un corps organisé. Leur formation paraît avoir eu lieu par l'agitation légère, mais assez longtemps prolongée, du corps étranger qui forme aujourd'hui le centre, dans des eaux qui contenaient en dissolution la matière de concrétion. De semblables formes se produisent encore aujourd'hui à Vichy, à Carlsbad, etc.

Les *oolites* sont de forme analogue à celle des pisolites; leur origine est la même; mais ils en diffèrent par leur grosseur, qui ne dépasse pas celle d'un grain de millet.

7° Concrétions d'apparence organique.

ARMOIRE TECHNOLOGIQUE N° 3.

PIERRES DE CONSTRUCTION, DE REVÊTEMENT, etc. (suite).

Marbres statuaires :

49.287. *Marbre blanc, à grandes facettes;* de la Chine; plaque polie.

29.49. *Marbre blanc, statuaire;* de Saint-Béat (Haute-Garonne).

23.306. *Marbre saccharoïde (marbre grec)*, veiné; du mont Hymète.

Marbres penthéliques; des environs d'Athènes.

Pierres pour couvertures :

Ardoises de Fumay, de Rimognes, etc.

Pierres pour vitrages :

9.64. *Mica en grande feuille* (de 0^m,26 sur 0^m,18).

42.21. *Mica en feuilles, employé par les Indiens comme fond d'images.*

Au bas de la même armoire, mais n'ayant pas rapport aux objets précédents, est une plaque polie d'un gros *nodule de calcaire compacte, avec fissures polyédriques, remplies de calcaire spathique.*

M. 22. ARMOIRE.

DENDRITES : superficielles, profondes.

Les *dendrites* sont des dispositions particulières de matières minérales, qui imitent plus ou moins des rameaux, des branches, des feuilles, des mousses, etc., quelquefois aussi parfaitement que si ces différents vestiges de corps organisés fussent renfermés eux-mêmes dans l'intérieur de la masse minérale. Différentes espèces présentent une tendance à cette disposition; mais l'oxyde de manganèse hydraté se rencontre plus fréquemment à cet état que les autres minéraux.

L'armoire **M. 22** contient une magnifique série de dendrites, dont toutes sont très-remarquables, chacune dans leur genre.

M. 23. ARMOIRE.

ALTÉRATION DES MINÉRAUX DANS LE SEIN DE LA TERRE.

1° Altération ignée.

Au contact des roches qui sortent du sein de la terre, à l'état de fusion ignée, les minéraux subissent des altérations qui changent plus ou moins leur structure, leur forme, leur composition.

51.222. *Houille transformée en anthracite, au contact d'une roche trappéenne;* de Commentry (Allier).

Le bitume dont la présence caractérise la houille a disparu sous l'influence de la chaleur de la roche ignée éruptive; la houille a passé ainsi à l'état d'anthracite.

2° Altération par décomposition.

Kaolins, à divers états.

Le *kaolin,* ou *terre à porcelaine,* provient de la décomposition d'un minéral désigné sous le nom de feldspath orthose. Ce minéral se compose principalement de silice, d'alumine, de potasse; par une décomposition naturelle, la potasse se sépare, et il reste un silicate d'alumine sensiblement pur, qui est le kaolin.

Fer sulfuré blanc, en boule qui s'est séparée en conoïdes, par décomposition, avec formation de sulfate de fer.

Le soufre du sel métallique a passé à l'état d'acide sulfurique, le fer, à l'état d'oxyde, et par suite, du sulfate de fer s'est formé.

33.32. *Pyrite* (fer sulfuré) *aurifère, altérée en hydrate de fer;* gros cube, de Bérézof, Sibérie.

Le soufre, dans ce cas-ci, a disparu, le fer seul a été conservé et a passé à l'état d'hydrate. L'or qui était mélangé, n'étant pas oxydable, est resté, avec sa couleur caractérisque, disséminé au milieu de la pyrite décomposée, où l'on peut l'apercevoir.

M. 24. ARMOIRE.

ALTÉRATION DES MINÉRAUX (suite).

3° Altération par action dissolvante :

4° Altération par infiltration.

VITRINE.

ALTÉRATION DES MINÉRAUX (fin).

LIQUIDES ENGAGÉS DANS LES MINÉRAUX ; GAZ ENGAGÉS DANS LES MINÉRAUX.

ARMOIRE TECHNOLOGIQUE N° 4.

PIERRES POUR ORNEMENTS D'HABITATIONS, etc.

Des spaths fluors (fluorure de calcium) occupent presque en entier cette armoire ; voici les plus remarquables :

0.291 (2 échantillons). *Spath fluor violâtre, taillé en obélisque.*

0.294. *Spath fluor grisâtre, avec pyrite et galène, taillé en vase.*

0.295. *Spath fluor violet et jaunâtre, en zones parallèles ;* plaque polie.

(Plusieurs numéros). *Arragonites taillées.*

35.2246. *Fer carbonaté, en table polie ;* grande plaque de 50 centimètres dans les deux sens ; d'Utto en Sudermanie.

M. 25. ARMOIRE ET VITRINE.
MINÉRALOGIE GÉOLOGIQUE.

Fractures naturelles, etc.

M. 26. ARMOIRE ET VITRINE.
MINÉRALOGIE GÉOLOGIQUE (suite).

Polissages naturels.

7.105. *Quartz poli naturellement,* du Simplon ; large surface.

Le poli brillant que l'on remarque sur l'une des faces de cet échantillon, paraît avoir été produit par l'action d'un glacier. On sait que les glaciers, en progressant journellement, surtout pendant la saison chaude de l'année, polissent incessamment la surface des rochers qui les supportent.

M. 27. ARMOIRE ET VITRINE.
MANIÈRE D'ÊTRE DES MINÉRAUX AU SEIN DE LA TERRE :

Disséminés en cristaux, disséminés en grains, etc.

M. 28. ARMOIRE ET VITRINE.
MANIÈRE D'ÊTRE DES MINÉRAUX AU SEIN DE LA TERRE (suite) :

Minéraux disposés en nodules.

3.

41.53, 33.404, 11.53. *Silex ménilite, en nodules irréguliers*, provenant principalement de Ménilmontant, environs de Paris.

39.39. *Bombes volcaniques;* de Brioude (Auvergne).

On donne le nom de *bombes volcaniques* à des masses ovalaires ou fusiformes, qui ont été lancées dans l'atmosphère, à la manière des bombes, par les volcans; la matière qui les enveloppe est de nature volcanique, le noyau est ordinairement du péridot. Par le mouvement de projection dans l'air et de chute sur la terre, la matière fondue qui servait d'enveloppe s'est allongée, et a donné lieu à la forme d'œuf ou de fuseau que présentent ces corps singuliers.

M. 29. ARMOIRE ET VITRINE.

MANIÈRE D'ÊTRE DES MINÉRAUX AU SEIN DE LA TERRE (suite) :

Minéraux disposés en nodules (suite).

35.2228. *Sphéroïdes de pyroméride dit porphyre orbiculaire;* de Girolata (Corse.)

Minéraux en géodes.

Les *géodes* sont des nodules creux dont les parois intérieures sont tapissées de cristaux, ou simplement concrétionnées et mamelonnées, ou bien encore divisées par de nombreuses fissures de retrait, etc.

7.4. *Géode de quartz améthyste*, d'Oberstein (Prusse rhénane) ; cette belle géode n'a pas moins de 25 centimètres et 30 centimètres dans ses deux diamètres.

M. 30. ARMOIRE ET VITRINE.

MANIÈRE D'ÊTRE DES MINÉRAUX AU SEIN DE LA TERRE (suite) :

Minéraux en géodes (suite); minéraux en filons.

On désigne, sous le nom de *filons*, des fentes qui traversent le sol, et qui ont été remplies par des matières arrivées de l'intérieur de la terre, à l'état de fusion ou de dissolution. Les minerais exploités pour l'extraction des métaux utiles, sont généralement à l'état de filons. Mais tous les filons ne sont pas exclusivement métalliques: il peut y en avoir de toute autre nature minéralogique.

Minéraux en veines.

Les *veines* présentent généralement la même forme et ont la même origine que les filons ; mais elle offrent une épaisseur moindre et elles ne sont souvent que des ramifications de filons.

M. 31. ARMOIRES ET VITRINES.
MANIÈRE D'ÊTRE DES MINÉRAUX AU SEIN DE LA TERRE (suite) :

Minéraux implantés.

5.38. *Calcaire spathique, limpide ;* très-bel échantillon, d'un grand diamètre, en partie recouvert de cristaux de Stilbite ; d'Islande.

M. 32 ET 33. ARMOIRE ET VITRINE.
ASSOCIATIONS MINÉRALOGIQUES.

ARMOIRE TECHNOLOGIQUE N° 5.
PIERRES POUR ORNEMENTS D'HABITATIONS, etc. (suite).

Emploi des concrétions calcaires.

Bas-reliefs produits par incrustation.

La manière dont ces bas-reliefs ont été produits, mérite d'être expliquée : d'abord exécutés en plâtre, ou en soufre, ou en toute autre matière, ils ont été ensuite exposés pendant un certain temps dans des eaux naturelles tenant en dissolution du carbonate de chaux ; le carbonate de chaux s'est déposé à leur surface, en formant une croûte, plus ou moins épaisse suivant la durée du temps, et qui a emprunté et conservé jusqu'aux plus minimes détails de la surface du relief.

Les principaux bas-reliefs exposés dans l'armoire n° 5, proviennent d'Auvergne (Saint-Allyre et Saint-Nectaire) et de Toscane (Saint-Philippe).

ALBATRES TRAVAILLÉS.

On désigne sous le nom d'*albâtres* des calcaires (carbonate de chaux) ou gypses (chaux sulfatée hydratée), qui ont été formés en grand par voie de concrétion, et que l'on utilise dans l'art de la marbrerie, comme pierres de revêtement, d'ornementation, etc. Leur caractère général est d'être plus ou moins translucides. On en distingue deux variétés : albâtre calcaire et albâtre gypseux. L'*albâtre calcaire* est ordinairement nuancé, zoné ou rubanné à l'intérieur ; l'*albâtre gypseux* est plus ordinairement uniforme. Le premier est plus dur et de plus longue durée ; l'une de ses variétés, fort estimée, provient d'Égypte et porte le nom d'*albâtre oriental ;* le dernier est beaucoup plus tendre et moins durable ; les objets qu'il fournit proviennent principalement des environs de Florence.

Nous verrons plus loin, dans l'armoire technologique n° 6, plusieurs exemples d'albâtres gypseux.

TUFS ET TRAVERTINS.

On donne ces noms à des masses formées par voie de concrétion plus ou moins grossière, percillées, celluleuses, quelquefois aussi toutes composées de formes organiques, telles que roseaux, mousses, ramuscules divers, dont la matière calcaire s'est emparée.

40.137. *Calcaire travertin tufacé,* employé dans la construction de l'amphithéâtre romain, à Lillebonne (Seine-Inférieure).

23.684. *Calcaire concrétionné travertin ;* des temples de Pestum (royaume de Naples).

6.174. *Oiseau sur son nid, concrétionné en calcaire.*

0.297. *Albâtre calcaire (oriental)* brun, nuancé ; grande plaque polie, de $0^m,60$ de haut, sur $0^m,35$ de large.

Avec l'armoire M. 33, finit la série des échantillons qui représentent les caractères généraux (géométriques, extérieurs et physiques, etc.) des minéraux.

Dans l'armoire M. 34, commence une autre série : les minéraux classés par espèces. L'ordre de classification qui a été adopté est celui du *Tableau de la répartition des espèces minérales,* publié par le professeur actuel de minéralogie, dans son savant *Traité de minéralogie,* tome II ; 1845.

Ce tableau comprend six classes ou divisions principales :

Ire CLASSE. Corps simples formant un des principes essentiels des minéraux composés. Exemples : *carbone silicium, soufre,* etc.

IIe CLASSE. Sels alcalins. Ex. : *alun, sel gemme,* etc.

IIIe CLASSE. Terres alcalines et terres. Ex. : *chaux carbonatée, chaux sulfatée, baryte sulfatée,* etc.

IVe CLASSE. Métaux. Ex. : *argent natif, oxydes de fer, sulfure de plomb,* etc.

Ve CLASSE. Silicates. Ex. : *feldspath, topaze, émeraude,* etc.

VI^eCLASSE. Combustibles. Ex.: *anthracite, houille,* etc.

Les classes sont réparties dans les meubles des numéros suivants :

1re classe : armoires et vitrines M. 34 à M. 42. — 2e classe : M. 43 à M. 45 ; — 3e classe : M. 45 à M. 77 ; — 4e classe : M. 78 à M. 132 ; et quartz, hors série, en tête des silicates : M. 133 à M. 148 ; —5e classe : M. 149 à M. 185 ; —6e classe : M. 186 à M. 190.

M. 34. ARMOIRE.

PREMIÈRE CLASSE.

Corps simples formant un des principes essentiels des minéraux composés.

Ces corps ne jouent jamais le rôle de base avec les corps des autres classes ; ils forment des gaz permanents, soit seuls, soit combinés avec d'autres corps de la même classe.

Les premiers genres que comprend cette classe, sont inscrits dans l'armoire M. 34 : oxygène, hydrogène, azote, chlore, brome, iode, fluor, carbone. Ce dernier genre seulement est représenté par des échantillons, qui se rapportent à l'espèce graphite, et parmi lesquels on admire en particulier de très-beaux exemplaires provenant *de Passau en Bavière* et *de Borowdal en Angleterre.*

On sait que le graphite sert à la fabrication des crayons dits *mine de plomb;* les graphites les plus purs sont directement taillés en parallélipipèdes et enchâssés dans le bois pour cet usage; les graphites moins purs subissent une préparation préalable. Le graphite sert aussi à la fabrication de creusets très-réfractaires, etc.

VITRINE.

ESPÈCE DIAMANT.

La collection des diamants du Muséum est très-riche; elle est nombreuse en variétés de gisements, de couleurs, de cristallisations, etc.

Nous citerons principalement les pièces suivantes :

25.26 a. *Diamant octaèdre.*

0.75. *Diamant dodécaèdre.*

0.67. *Diamant à surfaces convexes* (dit *sphéroïdal*).

0.70. *Diamant sphéroïdal,* très-gros.

40.21 b. *Diamant taillé en lames, montrant, l'une, une étoile à trois lobes, l'autre, une étoile à six lobes;* sections parallèles à l'une des faces de l'octaèdre.

43.72. *Diamant sphéroïdal, enfumé.*

44.25. *Diamant noir, en octaèdre à faces convexes.*

La couleur noire est ici intéressante, en ce qu'elle fait voir une sorte de lien entre le caractère extérieur et la composition du minéral; on sait que le diamant est du carbone sensiblement pur; elle met sur la voie pour expliquer son origine.

0.72. *Diamant d'un brun noirâtre.*

39.74. *Diamant vert;* de la serra do Frio, près Villa-do-Principe (Brésil).

La couleur verte, dans le diamant, est très-rare.

54.403. *Diamant cubique, jaunâtre, à faces rugueuses;* du Brésil.

54.406. *Diamant;* très-beau cristal *triforme* (octaèdre portant les faces du cube et du dodécaèdre ; du Brésil.

54.407. *Diamant cubique, portant des biseaux assez nets sur ses douze arétes ;* du Brésil.

54.411. *Diamant hémitrope, à faces très-nettes ;* du Brésil.

54.412. *Diamant à quarante-huit faces, strié, avec indice de l'octaèdre ;* du Brésil.

Les cinq diamants qui précèdent, et qui sont tous extrêmement précieux, sous le double point de vue de la cristallisation et du choix des échantillons, ont été donnés récemment au Muséum, par M. Halphen, à qui l'établissement devait déjà beaucoup d'autres pièces minéralogiques non moins précieuses.

49.255 (placé vers la fin de la série des diamants). *Diamant amorphe, celluleux, noirâtre ;* des lavages de diamant du Brésil.

Ce diamant a tous les caractères du diamant ordinaire, moins la cristallisation. Il est extrêmement curieux sous le rapport de l'origine et de la formation présumée du diamant.

51.149 (placé près du précédent). *Diamant compacte d'un brun noirâtre, associé à du diamant cristallisé ;* des lavages diamantifères du Brésil.

La partie compacte forme l'extérieur de l'échantillon ; cette disposition fait supposer que le minéral est un fragment de rognon ; il démontre bien le passage des deux variétés de diamant, amorphe et cristallisé, l'une à l'autre.

Enfin la dernière rangée en avant de la vitrine est composée d'échantillons qui font voir le gisement du diamant.

44.22. *Diamants, dans un poudingue ferrugineux, solide.*

0.80. *Poudingue siliceux,* dit *cascalho,* à *éléments*

*désagrégés ; du terrain de transport ancien qui contient
les diamants*, au Brésil.

La même vitrine du n° M. 34 contient des échantillons de bore; puis quelques représentants de l'espèce quartz; cette dernière espèce est plus complétement représentée dans l'armoire M. 133 et suivantes, en tête des silicates.

M. 35. Armoires et Vitrines.

GENRE TITANE : ESPÈCES RUTILE, ANATASE, etc.

Les espèces du genre titane ne sont pas employées; elles n'offrent guère qu'un intérêt minéralogique, principalement pour la beauté de leurs cristaux.

4.101. *Titane rutile aciculaire, dans le quartz.*

Le titane rutile se présente ici, dans l'intérieur d'un quartz parfaitement limpide et qui a été poli artificiellement, sous la forme de houppes composées d'aiguilles noires, disséminées sur deux plans opposés l'un à l'autre et correspondant à deux faces opposées du quartz. Ce magnifique échantillon a été rapporté du Brésil par Geoffroy Saint-Hilaire.

26.169 (à la suite de l'échantillon précédent). *Titane anatase ;* très-beaux cristaux, implantés sur une roche quartzeuse.

M. 36. Armoire.

GENRE TANTALE. — GENRE SOUFRE.

Le genre soufre ne comprend qu'une seule espèce : soufre natif.

Le soufre natif est l'une des espèces les plus richement représentées dans la galerie, par ses cristaux. On est embarrassé pour choisir les plus remarquables parmi les échantillons; admirons principalement les n°s 0.2, 0.3, 49.260, 49.258 et suivants, de Sicile. On sait que les beaux cristaux de soufre proviennent en majeure partie de ce pays, et que ce sont également les mines

de Sicile qui fournissent presque tout le soufre consommé en Europe.

Arrêtons aussi un regard sur le n° 0.24 : *Soufre natif,*
gros cristal très-net, sur cristaux de calcaire ; de Conilla,
près de Cadix.

Vitrine.

Beaux cristaux isolés de soufre natif, et plus spécialement dans les dernières rangées.,

Armoire technologique n° **6**.

Pierres pour ornements d'habitations, etc.

0.298. *Marbre* dit *ruiniforme,* de Florence ; grande
plaque (de 0^m,65), qui présente comme une ville
en ruines, au centre de laquelle une tour en ruines elle-
même.

D'autres numéros, dans l'armoire, se rapportent à la
même variété de marbre.

Ces singulières configurations, que représente le marbre particulier de Florence, sont dues à des fissures qui se sont produites
dans la pierre après sa formation, et qui ont été remplies par une
matière d'une autre couleur que la masse.

Le reste de l'armoire est consacré aux divers albâtres
gypseux, sous le titre : *Emploi des pierres gypseuses,*
pour ornements divers.

Nous avons déjà parlé, page 47, de l'albâtre gypseux.

40.63. *Albâtre gypseux, en forme de bassin ;* cet
albâtre est d'un blanc uniforme, peu translucide ; il
provient de Volterra en Toscane.

Principales variétés d'*albâtre gypseux,* sous forme
de plaques polies ; de la localité précédente.

M. 37 ET M. 38. ARMOIRES ET VITRINES.

SOUFRE NATIF (suite).

M. 39.

GENRES SÉLÉNIUM ET ARSENIC; ESPÈCES ARSENIC NATIF ET RÉALGAR.

L'*arsenic* existe, dans la nature, à l'état de métal simple, ou à l'état de combinaison, principalement avec le soufre. La forme la plus ordinaire de l'arsenic métallique naturel, est celle de masses mamelonnées à la surface, se détachant par calottes successives, comme la matière calcaire qui forme le test ou coquille des mollusques bivalves; de là le nom de *testacée* que l'on donne à cette forme.

4.41 et 33.206. *Arsenic natif testacé,* du Harz.

4.51. *Arsenic natif testacé,* du Chili.

— *Cristaux d'arsenic, obtenus artificiellement* dans une usine de la province des Asturies (Espagne).

L'arsenic combiné au soufre sous le nom de *réalgar,* qui suit l'espèce précédente, fournit quelquefois de belles cristallisations, d'une riche couleur orangé-rougeâtre; mais ces échantillons s'altèrent promptement à la lumière; on les tient habituellement dans l'obscurité.

40.252. *Réalgar cristallisé;* de Kapnick en Hongrie.

40.106. *Réalgar cristallisé;* de Nagyag en Transylvanie.

M. 40. ARMOIRE.

ESPÈCE ARSENIC SULFURÉ JAUNE (orpiment).

L'*orpiment* est de couleur jaune-citron, ordinairement lamellaire, avec éclat nacré.

Dans la même armoire :

GENRES TELLURE, ANTIMOINE, etc.

Le *tellure* est rare dans la nature; aussi les échantillons qui appartiennent à ce genre ont-ils une grande valeur dans les collections. Le tellure est à peu près sans emploi; mais quelques-unes de ses combinaisons naturelles sont aurifères, argentifères; elles servent alors de minerai pour l'extraction des métaux précieux. Les échantillons en sont rares dans les collections, par la raison que leur gisement, dans la localité presque exclusive de Transylvanie qui les fournit, est une propriété particulière du gouvernement autrichien.

4.99. *Tellure natif dendritique;* de Transylvanie.

35.332. *Tellure auro-argentifère* et *tellure auro-plombifère;* du même pays.

L'antimoine existe, dans la nature, principalement à l'état de métal simple et à l'état de combinaison avec le soufre.

25.103. *Antimoine natif lamellaire,* d'un blanc d'argent; très-bel échantillon, provenant d'Allemont, (Isère).

VITRINE.

GENRE TELLURE (suite).

43.139. *Tellure bismuthifère et aurifère (Bornine),* laminaire; échantillon précieux sous le rapport minéralogique, et extrêmement rare; de la mine d'or de Forquim, près de Mariana (Brésil).

GENRE MERCURE : ESPÈCES MERCURE NATIF ET MERCURE SULFURÉ.

Le *mercure natif* existe sous la forme de petites gouttelettes disséminées dans des gangues diverses, en particulier dans le mercure sulfuré.

Le *mercure sulfuré,* connu aussi sous le nom de *cinabre,* est d'un rouge caractéristique, *rouge cinabre.* Cette espèce est le minerai principal, exploité pour l'extraction du mercure. Le cinabre est employé d'autre part, pour couleur, à l'état de poudre fine connue sous le nom de *vermillon.*

M. 41. ARMOIRE ET VITRINE.

MERCURE SULFURÉ (suite).

M. 42. ARMOIRE ET VITRINE.

MERCURE SULFURÉ (fin), et autres espèces moins importantes du même genre. — GENRE MOLYBDÈNE : ESPÈCE MOLYBDÈNE SULFURÉ.

Le *molybdène,* jusqu'à présent, est resté à peu près sans usage. Aussi ses espèces n'offrent guère qu'un intérêt minéralogique. Elles ne sont pas du reste nombreuses : on en connaît deux ou trois, au plus. La couleur du *molybdène sulfuré,* espèce principale, est d'un gris bleuâtre métallique qui pourrait faire confondre ce minéral avec le graphite; mais la trace qu'il laisse sur le papier est d'un gris verdâtre, tandis que celle laissée par le graphite est le gris noir que nous connaissons à la *mine de plomb*.

41.155. *Molybdène sulfuré*, en masse; de Suède.

M. **43**. ARMOIRE.

GENRES TUNGSTÈNE, CHROME, OSMIUM, RHODIUM; peu importants, si ce n'est peut-être le Chrome.

DEUXIÈME CLASSE.

Sels alcalins.

Les différents sels qui composent cette classe sont solubles dans l'eau et possèdent une saveur prononcée, etc.

La deuxième classe commence avec l'armoire M. 43.

GENRE AMMONIAQUE.

VITRINE.

GENRE AMMONIAQUE (suite). — GENRES POTASSE ET SOUDE.

Ces deux derniers genres sont représentés ici principalement par les espèces *nitre* et *sel marin*.

Le *nitre* ou *salpêtre* se trouve, habituellement, à l'état d'efflorescences, dans un grand nombre de lieux et dans différents pays : sur nos murailles humides, autour de nos habitations, dans les cavernes naturelles, dans les déserts, etc. Il paraît dû presque partout à une formation journalière. On le récolte précieusement pour la fabrication de la poudre à canon, et souvent même on le fabrique au moyen de vieux plâtras qu'on décompose par de certains procédés.

Le *sel marin* (chlorure de sodium), souvent aussi désigné sous le nom de *sel gemme*, *sel en roche*, offre dans la nature les mêmes caractères que nous lui connaissons dans nos usages domestiques. Il existe quelquefois sous la forme de gros cubes produits par la division naturelle des masses; mais plus ordinairement il est lamellaire; il en existe aussi une variété fibreuse; enfin il est parfois concrétionné. On le trouve en grand dans l'intérieur de la terre, sous forme de couches, ou sous forme de masses, ou enfin à l'état de dissolution dans les eaux. Il est assez pur, dans plusieurs de ses gisements, pour être livré au commerce tel qu'il sort de la mine. Les mines de Dieuze (Meurthe), de Cardona en Espagne, de Wieliczka en Pologne, etc., sont célèbres pour la quantité de sel qu'elles fournissent annuellement à l'Europe.

M. 44. ARMOIRE ET VITRINE.

SEL MARIN (suite).

17.88. *Sel marin en cristaux cubiques, naturels,* sur une large surface de roche; de Halle en Tyrol.

17.87. *Sel marin, gros cube de clivage;* de Cardona, en Espagne.

17.75. *Sel marin, en concrétions,* sur des rameaux.

VITRINE.

SEL MARIN (suite), et plusieurs autres espèces du genre Soude.

M. 45. ARMOIRE ET VITRINE.

SEL MARIN (fin), et espèces terminant le genre Soude.

TROISIÈME CLASSE.

Terres alcalines et terres.

Les substances qui composent cette classe ont toutes un aspect pierreux; pures, elles sont incolores ou d'un blanc laiteux; elles sont généralement peu dures : aucune, à l'exception du corindon, ne raye le verre, etc.

GENRE BARYTE : ESPÈCES BARYTE CARBONATÉE, BARYTE ET CHAUX CARBONATÉES.

Ces deux espèces sont rares, et sont presque exclusives à certaines localités de l'Angleterre; elles sont toutefois représentées ici par d'assez nombreux et beaux échantillons.

ARMOIRE TECHNOLOGIQUE Nº 7.

PIERRES POUR ORNEMENTS D'HABITATIONS, etc. (suite).

Les trois tablettes supérieures de cette armoire sont occupées par des échantillons indiquant l'*emploi des stéatites* et *pagodites*.

Ces sortes de pierres présentent une grande homogénéité de texture, et se laissent tailler facilement; aussi sont-elles employées fréquemment, sculptées sous formes diverses.

Les objets travaillés, en stéatite et en pagodite, représentés ici, proviennent de la Chine : ce sont des magots, des vases, des tasses, etc.; la plupart sont d'un style grotesque ; mais quelques-uns cependant ne manquent pas d'une certaine délicatesse de détails.

A la suite des précédents objets, sont exposés plusieurs autres échantillons de la même pierre, taillés en parallélipipèdes, qui paraissent avoir servi de savon, en Chine, par l'état d'usure qu'ils présentent à l'une de leurs extrémités.

Vers le bas de l'armoire, sont de grandes plaques de marbre, polies, provenant aussi de la Chine.

M. 46. ARMOIRE ET VITRINE.

GENRE BARYTE (suite) : ESPÈCE BARYTE SULFATÉE.

La *baryte sulfatée (spath pesant)* est le minéral le plus lourd des espèces de sa classe; son poids spécifique dépasse celui de beaucoup de minéraux, même de la classe des métaux. Il présente un grand intérêt minéralogique, pour ses nombreux cristaux à formes très-nettes et très-variées. Il offre aussi de l'importance par sa fréquence et par son développement dans de certaines circonstances géologiques : il sert souvent de gangue aux métaux dans les filons.

L'armoire M. 46 contient les gros échantillons de l'espèce. Ces échantillons sont la plupart très-remarquables, soit par leur volume, soit par la beauté des cristallisations; les gros cristaux surtout, au bas de l'armoire, sont des pièces presque uniques, et qu'il est très-rare de rencontrer aussi belles dans les collections.

La vitrine M. 46 contient un ensemble très-nombreux de cristaux de la même espèce, détachés de leur gangue et montés sur griffes dorées. Ces cristaux sont classés dans un ordre méthodique et distribués par groupes, selon la nature de leurs formes dominantes; toutes les faces de même nature sont dirigées parallèlement les unes aux autres. Des modèles en bois sont intercalés dans la série, et servent à simplifier l'étude des cristaux en nature, voisins. Au bas de chaque cristal, une étiquette détaillée indique, en formule, l'ensemble et la nature des faces, ainsi que le nom particulier donné au cristal par les minéralogistes. Ce classement méthodique des cristaux a été établi dans la galerie, non-seulement pour l'espèce qui nous occupe en ce moment, mais encore pour un grand nombre d'autres espèces minérales, comme nous le verrons plus loin. Il a été entrepris par M. Dufrénoy, professeur actuel, dès l'année 1848. L'illustre professeur a été secondé dans son travail par l'aide de minéralogie. Lorsque ce classement aura été étendu à toutes les espèces cristallisées de la galerie, la collection aura acquis une importance d'un nouveau genre, que ne présente encore aucune des grandes collections minéralogiques d'Europe.

M. 47. Armoire.
Baryte sulfatée (suite).

M. 48. Armoire.
Baryte sulfatée (fin). — Genre Strontiane : espèce Strontiane sulfatée, etc.

Vitrine.

Cristaux isolés de strontiane sulfatée; suite assez nombreuse, classée comme celle de la baryte sulfatée.

Jusqu'à ces dernières années, on ne connaissait qu'un petit nombre de formes cristallines de strontiane sulfatée; une étude récente de cette espèce, faite par M. Hugard, a ajouté aux formes connues un grand nombre de formes nouvelles qui sont déposées ici et donnent de la valeur à la série.

ARMOIRE TECHNOLOGIQUE N° **8**.

PIERRES POUR ORNEMENTS D'HABITATIONS, etc. (suite).

Serpentine et *pierre ollaire;* emplois divers.

La *pierre ollaire* est une substance très-tendre et facile à travailler; d'un autre côté, elle est très-réfractaire, et ne se fendille point, même lorsqu'elle a subi les plus hautes températures. L'ensemble de ces caractères a fait rechercher cette pierre, dans certaines localités, pour la construction de poêles à chauffer, pour la fabrication d'ustensiles de cuisine, en particulier, de marmites (en italien *Olla*); de là son nom de *pierre ollaire*. On la trouve dans certains points des Alpes, tels que la vallée d'Aoste, le canton des Grisons, Chiavenna dans la Valteline, etc.

Au bas de la même armoire : *marbre,* deux plaques polies.

———

Nous arrivons au centre de la galerie; l'espace, ici, s'agrandit par l'interruption des laboratoires, des galeries hautes et des armoires que nous avons suivies jusqu'à présent; cet espace est éclairé par les deux fenêtres principales de la galerie, opposées l'une à l'autre, l'une au nord et l'autre au midi. Plusieurs pièces minéralogiques ou géologiques fort remarquables sont exposées ici, hors série.

Parcourons d'abord la portion de cet espace comprise entre la croisée du nord et les meubles de l'épine; nous rencontrons les objets suivants :

Table en marbre noir, incrustée de différents marbres d'Espagne. Cette table a été envoyée, en 1774, par le roi d'Espagne; elle contient 108 plaques de marbre; une grande urne, aussi en marbre, est placée au-dessus.

Calcaire concrétionné, sous forme de colonne creuse; le calcaire a incrusté l'intérieur d'un tuyau de conduite de l'eau d'Arcueil; hauteur, $1^m,15$; diamètre, $0^m,35$; épaisseur de la paroi, $0^m,10$ environ.

La quantité de matière incrustante, contenue dans les eaux d'Arcueil, est telle, qu'au bout d'un nombre d'années peu considérable, on est obligé de changer les tuyaux de conduite de ces eaux, qui finissent par être totalement obstrués.

Au-dessus de la colonne précédente : *calcaire concrétionné,* sous forme allongée, mamelonné et lisse à la surface ; c'est une *stalactite* qui provient de la célèbre grotte d'Antiparos (Archipel grec); elle a été rapportée par Tournefort.

Enfin, au-dessus de cette dernière pièce, autre *concrétion calcaire,* sous forme de *stalagmite;* mamelon très-surbaissé, à surface écailleuse et ondulée, de $0^m,90$ environ de diamètre; l'origine de cette pièce curieuse est inconnue.

A droite des objets précédents, on voit, contre les vitres de la grande croisée, des plaques minces et polies de quartz de différentes variétés, principalement d'agates. Le passage de la lumière au travers de ces plaques fait ressortir les détails de leur disposition intérieure : on les a placées ici à dessein pour mieux juger de leur structure. Ces plaques sont rangées dans des cadres numérotés, contenant chacun une variété représentée par un certain nombre d'échantillons.

(Voir plus loin, à l'espèce Quartz, l'explication des différentes variétés de cette espèce.)

CADRE N° 1. *Quartz hyalin;* on remarque au centre du cadre, une petite plaque ovale gravée.

— N° 2. *Quartz améthyste.*

— N° 3. *Agate cornaline, agate prase et agate sardoine.*

— N° 4. *Agate sardoine.*

— N° 5. *Calcédoines,* de diverses nuances.

62

CADRE N° **6**. *Calcédoines*, etc.

— N° **7**. *Agates vertes*, dites *héliotropes*.

— N° **8**. *Agates* dites *onyx*, de diverses nuances.

— N° **9**. *Agates* dites *œillées*, et autres.

— N° **10**. *Agates tachées* et *nuagées*.

— N° **11**. *Agates mousseuses ;* l'échantillon 7.328, principalement, est remarquable par ses dimensions et la netteté de ses détails.

— N° **12**. *Agates mousseuses* et *tachées*.

— N° **13**. *Agates mousseuses* et *agates arborisées*.

— N° **14**. *Quartz hyalin* et *agates ;* coupes de géodes.

— N° **15**. *Pierres translucides* diverses.

— N° **16**. *Id*.

A droite des agates : énorme *stalactite* (près de 2 mètres de haut et 0^m,60 à sa base); nous avons lieu de croire qu'elle provient d'Antiparos, comme l'une des précédentes.

Près de cette stalactite, à côté du petit escalier qui conduit à la galerie supérieure : table de *marbre à grosses veines diversement nuancées de rouge, de rose et de jaune ;* cette table, comme celle qui lui est opposée de face, supporte une urne, aussi en marbre.

Vers le milieu de l'espace que nous parcourons, est placé un meuble vitré, sous forme d'obélisque, qui contient les pierres précieuses de la collection Haüy dont il a été question page 10. Ces pierres précieuses ont d'abord une grande valeur vénale, ensuite elles offrent un vif intérêt sous le rapport historique : elles ont servi de types pour les descriptions, dans l'ouvrage de Haüy, sur *les caractères physiques des pierres précieuses ;* chaque pièce, comme dans la grande collection qui est déposée dans le vestibule, porte encore l'étiquette de la main d'Haüy.

La même armoire en obélisque contient sur ses tablettes supérieures une suite très-variée d'ambres polis, provenant également de la collection Haüy.

Sur les tablettes inférieures est exposée une série de pierres artificielles imitant les pierres précieuses et provenant de la Chine; quelques-unes d'entre elles sont fabriquées avec un art d'imitation vraiment surprenant.

Sur les mêmes tablettes : minéraux artificiels (spinelle, corindon, etc.) obtenus par **M.** Ebelmen.

Une urne à grandes dimensions, en *porphyre,* de la vallée de Giromagny (Vosges), est placée à côté de l'obélisque, sur une colonne qui lui sert de piédestal.

—

Nous reprenons maintenant la suite des meubles du nord.

ARMOIRE TECHNOLOGIQUE N° **9.**

PIERRES POUR ORNEMENTS D'HABITATIONS, etc.

Pierres dures : quartz hyalin, agates, jaspes, etc.

7.58. *Cristal de roche* (quartz hyalin); magnifique coupe gravée ($0^m,19$ sur $0^m,9$), d'une grande valeur.

7.54. *Cristal de roche,* taillé sous forme de magot ; de la Chine.

Quartz hyalin, de diverses nuances; objets taillés et polis.

7.52. *Quartz hyalin,* taillé sous forme de poignée de canne, gravé et incrusté de quartz jaune, de petits diamants et de nacre.

7.188. *Agates;* deux larges plaques ovales, l'une rougeâtre, variée, l'autre jaunâtre, également variée.

M. **49**. ARMOIRE.

STRONTIANE SULFATÉE (suite).

Nous avons vu le commencement de cette espèce dans l'armoire M. 48.

17.74, 41.69, 17.69, 49.43, etc. *Strontiane sulfatée;* morceaux très-remarquables par leurs dimensions, et par la beauté des cristaux ; ils proviennent de Sicile ; la strontiane sulfatée y est associée au soufre.

17.51, 17.50, 39.186, etc. *Marne imprégnée de strontiane sulfatée,* sous la forme de nodules ellipsoïdaux, ou autres formes ; de Montmartre et de quelques autres localités des environs de Paris. C'est de ces sortes de nodules que l'on extrait à Paris la strontiane, pour la coloration des feux d'artifice en rouge pourpre.

VITRINE.

STRONTIANE SULFATÉE (suite).

M. **50**. ARMOIRE ET VITRINE.

GENRE CHAUX : ESPÈCE CHAUX CARBONATÉE.

L'espèce *chaux carbonatée* est l'une des plus importantes du règne minéral ; elle est extrêmement répandue et abondante à la surface du globe ; elle constitue au moins les deux cinquièmes de la partie de l'écorce de la terre qui a été formée par les eaux ; son emploi dans les arts, dans l'industrie, ne le cède à celui d'aucun autre minéral : la *pierre à bâtir* des environs de Paris et de la plupart des autres pays, les *marbres,* la *pierre lithographique,* le *blanc d'Espagne,* la *chaux,* etc., etc., sont des variétés diverses de cette espèce.

La chaux carbonatée est l'une des espèces les mieux représentées dans la galerie, soit par le volume des échantillons, soit par leur nombre, soit par leur beauté, soit enfin par l'infinie variété des cristallisations. La série, en particulier, des cristaux isolés, est unique en son genre; elle comprend plus de 300 pièces, toutes déterminées et systématiquement classées.

6.45. *Chaux carbonatée*, dite *spath d'Islande;* volumineux échantillon (de $0^m,15$ dans deux de ses dimensions, et $0^m,10$ environ dans la troisième dimension), taillé en rhomboïde par clivage; sa transparence est complète; les images, qui paraissent doubles au travers de sa masse, présentent un grand écartement, à cause des énormes dimensions du solide.

VITRINE.

Commencement de la série des cristaux détachés de la chaux carbonatée, rangés dans l'ordre systématique; cette série se continue dans les vitrines M. 51 à M. 53.

M. 52. ARMOIRE.

6.106. *Chaux carbonatée cristallisée;* gros prismes hexagonaux, à base nacrée; du Harz.

35.1615. *Chaux carbonatée cristallisée;* beau cristal isolé, en double pyramide transposée ($0^m,20$ de long, sur $0^m,10$ ou $0^m,12$ de large); il provient du Derbyshire (Angleterre).

6.34. *Chaux carbonatée;* cristal assez gros, sur plus petits cristaux de la même nature; du Harz.

M. 55. ARMOIRE.

6.196 et 6.130. *Chaux carbonatée;* groupes de

4.

cristaux volumineux, remarquables par le nombre et l'association des facettes; du Derbyshire (Angleterre).

M. 56. Armoire.

6.87. *Chaux carbonatée cristallisée;* cristaux très-nets, et d'une teinte rosée due à l'oxyde de manganèse.

M. 58. Armoire.

28.12. *Spath d'Islande;* gros fragment dont les faces extérieures sont incrustées de cristaux de stilbite; il provient d'Islande.

M. 59. Armoire.

36.13. *Marbre noir,* taillé en vase et poli; du Derbyshire.

M. 58. Armoire.

Différentes variétés de chaux carbonatée, autres que la variété cristallisée;

Principalement les variétés : *concrétionnée* (stalactites, stalagmites, pisolites, oolites, albâtre, tuf, travertin); *lamellaire* (saccharoïde, marbre statuaire); *compacte* (marbres divers, pierre lithographique); *terreuse* (craie); *grossière* (calcaire grossier, moellon, pierre à bâtir, de Paris); *coquillière* (marbres coquilliers, lumachelles, marbre encrinitique); etc.

Armoire technologique n° 11.

PIERRES POUR ORNEMENTS D'HABITATIONS, etc.

Emploi des *jades, lapis lazuli, roches à feldspath, diallage,* etc.

24.198. *Jade néphrite,* d'un vert pâle, travaillé en tasse, à anse sculptée sous forme de feuille, d'un travail assez élégant; très-belle pièce.

46.97. *Jade néphrite,* verdâtre foncé; plaque sculptée et polie, d'un très-beau travail.

a.48. *Jade néphrite,* d'un vert pâle; taillé en cuillère, d'une seule pièce, longue de 0^m,34, extrêmement remarquable par l'homogénéité de sa masse et par le fini du travail; de grande valeur.

7.343. *Lapis lazuli,* à fond uniforme, sur lequel on voit parsemées de petites taches jaunes métalliques, que l'on attribue vulgairement à des paillettes d'or, mais qui ne sont autre chose que de la pyrite de fer (sulfure de fer.)

7.344. *Lapis lazuli,* taillé en coupe, d'un volume assez considérable (0^m,9 environ sur 0^m,7).

35.2204. *Feldspath,* dit *Labrador;* plaque assez large, polie, à reflets opalins très-prononcés; toutefois il est difficile de juger du phénomène, au travers de la vitre.

53.513. *Porphyre vert;* large plaque taillée et polie.

M. 61. ARMOIRE ET VITRINE.

CHAUX CARBONATÉE (fin).

24.102. *Calcaire* dit *quartzifère;* de Bellecroix, forêt de Fontainebleau.

C'est un beau groupe de cristaux, dont la forme, désignée sous le nom d'*inverse* par les minéralogistes, est propre à la chaux carbonatée; mais ces cristaux sont entièrement pénétrés de grains de quartz, ce qui leur a fait donner souvent le nom impropre de *grès cristallisé.* Leur mode de formation est curieux : de la chaux carbonatée est arrivée à l'état de dissolution dans l'eau, au sein de sables quartzeux désagrégés; en se séparant de son véhicule et en passant à l'état solide, elle a entraîné dans son mouvement de cristallisation le sable environnant; de telle sorte que la quantité de silice l'emporte souvent de beaucoup sur la quantité de carbonate de chaux, dans ces singuliers cristaux.

M. 62. ARMOIRE.

CHAUX CARBONATÉE, à divers états de mélanges.

VITRINE.

ESPÈCE ARRAGONITE.

L'*arragonite* est encore un carbonate de chaux, mais cristallisant sous une autre forme que l'espèce précédente; elle fournit l'un des exemples les plus frappants de cette sorte de déviation aux lois fondamentales de la cristallographie, à laquelle les minéralogistes ont donné le nom de *dimorphisme*.

Cette espèce n'est pas, à beaucoup près, aussi abondante dans la nature que la précédente.

M. 63. ARMOIRE.

ARRAGONITE (suite).

6.237. *Arragonite,* de Styrie; cette variété a reçu le nom de *coralloïde,* pour sa forme singulière, assez analogue à celle de certains coraux.

6.238. *Arragonite;* variété analogue à celle de l'échantillon précédent, seulement plus filamenteuse.

6.221. *Arragonite concrétionnée en stalactite.*

VITRINE.

ARRAGONITE (suite).

Échantillons colorés de teintes très-vives, jaune, vert, bleu, etc., dues à la présence d'oxydes métalliques.

ARMOIRE TECHNOLOGIQUE N° 12.

PIERRE POUR LA SCULPTURE, LA GLYPTIQUE, LE MOULAGE, etc.

37.94. *Schiste coticule,* plaque sculptée, de deux couleurs; les objets en relief et le sol sont d'une couleur gris-sale foncée, le fond est de couleur violacée; travail chinois.

38.57. *Anthracite (charbon de pierre)* compacte,

façonné en vases d'un beau poli ; de Pensylvanie (Amérique du Nord).

Agates dites *onyx,* ou à plusieurs couches de différentes couleurs, et *propres à être travaillées en camées.*

On sait que le lapidaire et le graveur profitent, dans la taille du camée, de l'une des couches pour en former le fond du sujet, et de l'autre ou des autres couches pour y graver les reliefs.

Stéatite et *pagodite (pierre de lard* ou *pierre de savon), sculptées en médailles.*

Malachites; plusieurs pièces.

Cette pierre, fort belle et très-recherchée dans l'ornementation, présente des zones sinueuses, circulaires, de teintes vertes, diverses, et reçoit un beau poli. Les plus belles variétés proviennent des mines du prince Demidoff, en Sibérie. Quelques-uns de nos lecteurs se rappellent sans doute avoir admiré, dans la grande exposition de Londres, de magnifiques blocs de cette matière, taillés pour l'ornement d'un salon : cheminées, portes à double battant et chambranles.

Pierres employées à Florence, pour les mosaïques (envoyées en 1820 par le grand-duc de Toscane).

Lignite et houille; variétés diverses.

35.278 et 1.137 B. *Lignite jayet (jais);* taillé et poli.

M. **64**. ARMOIRE.

ARRAGONITE (fin).

VITRINE.

ESPÈCE DOLOMIE.

L'aspect général des échantillons de dolomie rappelle celui du calcaire ; mais les cristaux présentent, à leur surface, un éclat plus nacré.

Cette espèce a de l'intérêt, sous le rapport de la géologie minéralogique ; on la rencontre habituellement dans le voisinage des roches éruptives magnésiennes. Elle paraît, dans la plupart des cas, avoir été primitivement à l'état de calcaire (carbonate de chaux) et avoir été pénétrée ensuite de magnésie, sous l'influence des roches éruptives, postérieurement à sa formation.

M. **65**. ARMOIRE ET VITRINE.

DOLOMIE (fin).

37.103. *Dolomie rhomboïdale,* de Traversella (Piémont); très-gros cristal (0^m,10 sur 0^m,20).

15.124. *Dolomie* en grande masse, composée de cristaux imparfaits, d'un vert pistache.

52.302. *Dolomie;* bel exemple de l'éclat nacré, caractéristique de l'espèce.

VITRINE.

43.29. *Dolomie grenue,* flexible. La singulière propriété de la flexibilité est ici attribuée au jeu des particules cristallines les unes sur les autres. Nous en avons déjà observé un cas semblable, sur un grès du Brésil, vitrine M. 16.

M. **66**. ARMOIRE.

ESPÈCE SPATH FLUOR.

Cette espèce, aussi désignée sous le nom de *chaux fluatée,* est l'une des plus remarquables du règne minéral, par la vivacité de couleur des échantillons et par leurs belles cristallisations.

Plusieurs gros échantillons de spath fluor occupent l'armoire; la plupart sont extrêmement beaux sous tous les rapports et font ici l'admiration de tous les visiteurs.

VITRINE.

Cristaux détachés de spath fluor, rangés systématiquement.

M. **67** et **68**. ARMOIRES ET VITRINES.

SPATH FLUOR (suite).

Nombreux échantillons, non moins remarquables

que ceux de l'armoire M. 66 ; en particulier, dans l'armoire M. 68 :

43.20. *Spath fluor violet, taillé en coupe,* d'une seule pièce ($0^m,2$ de large sur $0^m,13$ de haut).

M. **69**. ARMOIRE.

ESPÈCE GYPSE.

Cette espèce est connue vulgairement sous le nom de *Pierre à plâtre;* elle sert effectivement pour la fabrication du plâtre ; on l'expose, pour cet objet, dans des fours, à une température élevée à laquelle l'eau de combinaison se dégage, en ne laissant que le sulfate de chaux, qui jouit dès lors des propriétés ordinaires du plâtre.

34.32. *Gypse ;* très-gros échantillon, composé de plusieurs cristaux implantés, parfaitement limpides et d'une grande netteté de forme; de Catolica, Sicile.

27.139 a. *Gypse;* gros cristal isolé, d'Oxford, en Angleterre.

14.13. *Gypse;* cristaux implantés, d'une limpidité complète, à facettes nombreuses et brillantes; de Bex, canton de Vaud (Suisse).

VITRINE.

GYPSE : cristaux isolés.

M. **70**. ARMOIRE.

GYPSE (suite).

35.1518. *Gypse,* en cristaux maclés sous la forme d'un *fer de lance;* de Montmartre; très-gros échantillon.

Cette singulière forme des cristaux de gypse est à peu près exclusive aux environs de Paris; on la remarque dans toutes les collections provenant de cette localité; elle résulte de l'adjonction de deux cristaux lenticulaires, dans une position oblique.

14.33. *Gypse fibro-laminaire;* du Puy (Haute-Loire).

Les vitrines M. 70 et M. 71 sont également occupées par des échantillons de l'espèce gypse.

M. 71. ARMOIRE.

GYPSE (suite).

43.23. *Gypse*, sous forme de *très-larges lames, à surface nacrée ;* de Lagny, près Paris.

14.3 et 24.355. *Gypse fibreux, d'aspect soyeux ;* grands échantillons, l'un, de Moravie, l'autre, de Nordhausen.

— *Gypse saccharin*, de Montmartre, près Paris.

La butte de Montmartre est presque entièrement composée de cette variété de gypse ; mais elle a été profondément excavée pour l'extraction de la pierre à plâtre, qui a servi à la majeure partie des constructions de Paris. Le plâtre des environs de Paris est recherché pour ses bonnes qualités ; on l'exporte dans beaucoup de pays. C'est aussi dans la roche de gypse saccharoïde des environs de Paris, principalement dans celle de Montmartre, de Pantin, qu'ont été trouvés ces magnifiques ossements d'animaux de races perdues, dont la description a tant illustré le nom de Cuvier.

M. 72. ARMOIRE.

GYPSE (fin).

VITRINE.

ESPÈCE CHAUX SULFATÉE ANHYDRE (anhydrite).

ARMOIRE TECHNOLOGIQUE N° 13.

MINÉRAUX POUR TISSUS.

Amiante, travaillée sous formes diverses : toile, corde, papier, etc.

L'*amiante* est une matière fibreuse, provenant de la décomposition de diverses substances minérales, en particulier de l'amphibole et du pyroxène, comme nous verrons plus loin. Cette pierre curieuse est employée à quelques usages. On cite certaines peuplades, chez les Indiens, qui se fabriquent des vêtements en amiante ; lorsque ces vêtements ont besoin d'être blanchis, on les expose au feu : l'amiante rougit sans brûler, et toutes les matières charbonneuses, étrangères, sont éliminées par la combustion.

PIERRES A FEU. — ARMES DES ANCIENS.

Silex ; jade ; obsidienne ; etc.

PIERRES DE TOUCHE.

Schiste ; lydienne ; etc.

La *lydienne*, ainsi nommée parce qu'elle se trouve abondamment en Lydie, est une sorte de jaspe noir, à grain fin et très-homogène. Elle sert principalement à éprouver l'or dans les objets travaillés ; de là aussi son autre nom de *pierre de touche*. La lydienne est plus dure que les métaux : le bijou que l'on passe à frottement sur sa surface, y laisse une trace ; on dépose une goutte d'acide azotique sur cette trace ; l'acide azotique dissout le cuivre avec facilité, mais n'attaque pas l'or ; si la tache est affaiblie, ou si elle disparaît, par l'action de l'acide, c'est que l'objet était mélangé de cuivre, ou même ne contenait pas d'or du tout ; si la trace reste intacte, c'est que l'objet était en or pur.

PIERRES POUR LA LITHOGRAPHIE.

Différentes variétés de pierres lithographiques, de Châteauroux (Indre), de Papenheim (Bavière), etc.

Ces sortes de pierres sont des calcaires d'un grain extrêmement fin et d'une texture parfaitement homogène.

M. 75. ARMOIRE.

ESPÈCE CHAUX PHOSPHATÉE.

La *chaux phosphatée* est l'une des substances les plus dures de la classe des terres alcalines et terres : elle raye facilement la chaux carbonatée. L'une de ses variétés a la propriété de devenir phosphorescente par la chaleur.

26.164. *Chaux phosphatée,* en cristaux blanchâtres, parmi de gros cristaux noirs de tourmaline ; du Devonshire ; grand et bel échantillon.

23.113. *Chaux phosphatée terreuse, phosphorescente ;* de l'Estramadure, Espagne.

VITRINE.

Série de cristaux isolés, montrant l'ensemble du sys-

5

tème cristallin de la chaux phosphatée; et fin des échantillons variés de cette espèce.

M. 74. ARMOIRE ET VITRINE.

GENRE CHAUX (fin des espèces).

Ces espèces offrent peu d'intérêt.

GENRE MAGNÉSIE : espèces diverses, principalement magnésie silicatée.

La *magnésie silicatée (magnésite)* est la pierre employée pour la fabrication des pipes dites *écume de mer*. Elle est très-tendre, se laisse rayer à l'ongle, se laisse couper au couteau, etc. La plus belle variété de magnésite vient d'Anatolie.

M. 75. ARMOIRE.

GENRE MAGNÉSIE (fin). — GENRES TANTALE, YTTRIA, ALUMINE; ESPÈCE CORINDON.

Le *corindon* (alumine pure) est l'un des minéraux les plus précieux : à l'état cristallisé et limpide, il fournit les pierres gemmes qui ont le plus de valeur, après le diamant. On donne communément aux variétés gemmes de corindon le nom d'*orientales*, ajouté à tel autre nom qui indique la couleur : *topaze, rubis, améthyste,* etc., *orientales*. A l'état amorphe, le corindon est connu sous le nom d'*émeri*, et sert à polir le verre, les pierres précieuses.

VITRINE.

Corindon ; cristaux isolés, montrant l'ensemble du système cristallin et les différentes variétés de couleurs de l'espèce.

43.107. *Corindon télésie,* bleu, laiteux, chatoyant ; poli à l'une de ses extrémités, pour mieux faire ressortir les caractères de la variété ; de l'Inde.

Les minéralogistes ont donné le nom de *télésie* à la variété cristallisée et transparente du corindon ; c'est la variété employée pour pierres fines.

42.9. *Corindon télésie,* bleuâtre ; double pyramide, d'un assez gros volume.

8.109. *Corindon télésie*, d'un vert bleuâtre *(aigue-marine orientale)*.

35.1446. *Corindon télésie*, jaune de miel *(topaze orientale)*; taillé à facettes.

8.113. *Corindon télésie*, d'un jaune clair; taillé à facettes.

8.111. *Corindon télésie*, rouge *(rubis oriental)*; taillé à facettes.

35.1444. *Corindon télésie*, d'un rose violet *(améthyste orientale)*; grain roulé.

26.98. *Corindon télésie* blanc, limpide, taillé à facettes; variété assez rare, très-remarquable.

A la suite de ce dernier numéro, plusieurs *corindons télésies, chatoyants,* polis.

ARMOIRE TECHNOLOGIQUE N° 14.

MINÉRAUX POUR COLORATIONS : OCRE JAUNE, OCRE ROUGE, TERRE D'OMBRE, GRAPHITE, etc.

L'*ocre rouge* est un sesqui-oxyde de fer, terreux, mêlé d'argile; l'*ocre jaune* et la *terre d'ombre* sont des hydrates de fer, terreux, également mêlés d'argile; le *graphite* a été expliqué précédemment, page 50.

PIERRES A AIGUISER. — PIERRES A BRUNIR.

La *pierre à aiguiser* est généralement un grès argileux, à grains fins.

Quant aux *pierres à brunir*, il sera question de la principale d'entre elles, plus loin, à l'espèce fer sesqui-oxydé.

M. 76. ARMOIRE ET VITRINE.

CORINDON (fin de l'espèce); AUTRES ESPÈCES DU GENRE ALUMINE.

22.132. *Corindon adamantin;* tranche d'un prisme d'une dimension extraordinaire; *employé, dans l'Inde, à user les pierres dures.*

M. 77. ARMOIRE.

ALUMINE (suite des espèces) : ALUNITE, ALUN, etc.

L'*alunite* (sulfate d'alumine, de potasse, et eau), est une matière précieuse pour la fabrication de l'alun.

L'*alun* est, comme on sait, très-employé dans la teinture et dans la mégisserie, pour la préparation des peaux blanches, etc.

L'armoire contient principalement les alunites de la Tolfa, près Civita-Vecchia (États-Romains), et celles d'Élisabethpol (Géorgie).

VITRINE.

Alun ; belle série de cristaux obtenus artificiellement.

Les différences de formes que ces cristaux présentent, ont été déterminées par les différences de conditions dans lesquelles on a produit la cristallisation. Le n° 50.724, le plus remarquable de tous, par sa limpidité et par la netteté de ses faces, a été obtenu dans le laboratoire de minéralogie, par M. Rabet, employé du laboratoire. Ce beau cristal est adhérent à un fragment de brique.

M. 78. ARMOIRE.

QUATRIÈME CLASSE.

Métaux.

Cette classe comprend deux divisions, très-distinctes sous le rapport de l'aspect : 1° les métaux natifs et les combinaisons de plusieurs métaux entre eux, à l'état métallique ; 2° les combinaisons des métaux avec l'oxygène ou avec les acides.

Les minéraux appartenant à la première division ont, en général, un éclat métallique prononcé qui leur donne un caractère extérieur remarquable. Les combinaisons des métaux avec l'oxygène ou avec les acides ne jouissent que rarement de cet éclat ; sous ce rapport, elles se confondent avec les minéraux de la classe des silicates. Néanmoins, elles ont, la plupart, une couleur propre, particulière, qui guide dans leur étude ; leur pesanteur spécifique est en général assez élevée ; etc.

GENRE CÉRIUM : ESPÈCE PARISITE, etc.

Cette espèce nouvelle n'est encore qu'imparfaitement connue, quant à sa composition ; elle parait être un carbonate de lantane, avec quelques autres bases, peu certaines. La parisite se trouve, à la Nouvelle-Grenade, dans le calcaire noir où l'on rencontre les belles émeraudes de ce pays. Elle est rare encore dans les collections d'Europe; aucun musée n'en possède une aussi belle suite que le Muséum.

Vitrine.

Genre Manganèse : espèces Acerdèse, Pyrolusite, etc.

L'une de ces espèces, *acerdèse* (sesqui-oxyde de manganèse hydraté), fournit de très-belles cristallisations; la même espèce se rencontre aussi sous forme de masses concrétionnées, mamelonnées à la surface, souvent fibreuses à l'intérieur; enfin c'est l'acerdèse qui présente habituellement ces dispositions si singulières auxquelles on donne le nom de *dendrites* (voir page 43).

Le manganèse est très-répandu, quoique peu abondant, dans la nature; il manifeste assez souvent sa présence dans les minéraux par la couleur rose ou par la couleur améthyste, qu'il leur donne. Ses usages ne sont pas très-étendus; l'une de ses espèces sert principalement, dans les laboratoires, pour obtenir l'oxygène.

M. 79. Armoire et Vitrine.

Manganèse (suite des espèces).

M. 80. Armoire.

Manganèse (fin).

Les espèces *manganèse carbonaté* et *manganèse silicaté,* représentées en particulier ici, se distinguent par leur belle couleur rose.

M. 81. Armoire.

Genre Fer : espèces Fer natif, Fer sulfuré.

On rencontre dans de certaines houillères embrasées, en particulier dans celles de la Bouiche (Allier) et de la Salle (Aveyron), un fer métallique, disséminé en petites masses dans des roches qui ont été fondues par l'effet de la chaleur; ce fer contient une certaine proportion de carbone qui le rend semblable à l'acier. On suppose qu'il résulte de la décomposition, par l'effet de l'incendie souterrain, des pyrites qui étaient disséminées dans la houille : le soufre aurait été éliminé; le carbone de la houille aurait pénétré dans le fer par cémentation et aurait ainsi donné lieu à la variété dont il est ici question, nommée souvent *fer aciéreux* ou *fer natif des houillères.*

Il existe, dans la nature, une autre sorte de fer métallique, contenant du *nickel,* et désignée communément sous le nom de *fer météorique,* d'après l'origine qu'on lui suppose. Ce fer, outre la présence du nickel qui le caractérise, présente une structure cristalline octaédrique, que l'on distingue très-bien lorsqu'on polit une surface. De plus, il contient souvent dans son intérieur de petites masses cristallines vitreuses, d'un vert-olive clair, qui ressemblent assez à une substance volcanique à laquelle on a donné le nom de péridot. Enfin, on le rencontre généralement à la surface du sol, ou à peu de profondeur de la surface, en masses isolées, d'un volume variable, souvent loin de tout point connu d'exploitation du fer. Il provient de régions situées hors des limites de notre atmosphère; plusieurs faits observés ne laissent aucun doute à cet égard; il en est de son origine comme de celle des *aérolithes*, dont nous aurons occasion de nous occuper plus tard.

L'armoire M. 81 contient plusieurs échantillons de ces différentes sortes de fer; en voici les principaux :

23.458. *Fer natif, aciéreux;* de la Bouiche, près de Méry (Allier).

2.477. *Fer natif, avec péridot,* dit *fer de Pallas;* des monts Kenier (Sibérie).

54.34. Fer natif, avec péridot, analogue au précédent; d'Atakama (Chili).

35.484. *Fer natif, nickelifère,* avec indice de cristallisation octaédrique, à la surface; de localité inconnue.

Plusieurs autres échantillons de fer météorique, de Lenarto (Hongrie), d'Elbogen (Bohême), de Minsk (Lithuanie), etc., sont exposés dans la même armoire.

A la suite des fers météoriques :

26.39. *Météorite,* tombée à l'Aigle, le 26 avril 1803.

VITRINE.

Fer sulfuré (pyrite); très-nombreuse et brillante série de cristaux. Cette série est l'une des plus belles de la galerie, par l'éclat particulier des cristaux et par l'infinie variété de leurs formes.

La *pyrite* a été longtemps employée comme pierre de parure, sous le nom de *marcassite;* son emploi en bijouterie est aujourd'hui à peu près abandonné. La pyrite, d'autre part, ne saurait être exploitée comme minerai de fer, à cause de la grande difficulté que l'on rencontre à en séparer le soufre. On l'utilise quelquefois pour la fabrication du sulfate de fer; pour cela, on provoque sa décomposition, en l'exposant à l'air, sous l'influence de l'humidité, etc.; il se transforme en sulfate de fer.

M. 82. ARMOIRE.

FER SULFURÉ (suite).

4.105. *Fer sulfuré (pyrite)*; cristal remarquable par ses dimensions.

3.64. *Fer sulfuré (pyrite)*; échantillon poli *(miroir des Incas)*.

M. 83. ARMOIRE.

ESPÈCE FER SULFURÉ BLANC (pyrite blanche).

Cette espèce offre la même composition que la précédente; mais elle cristallise sous une autre forme, sa couleur est d'un jaune moins intense, sa tendance à la décomposition en sulfate de fer est plus prononcée. La pyrite blanche se rencontre souvent sous forme de concrétions : en mamelons, en boules, en stalactites; ces concrétions sont ordinairement fibreuses à l'intérieur. Fréquemment aussi, la pyrite blanche remplace les corps organisés fossiles. On rencontre cette substance dans toute la série des dépôts formés par voie aqueuse.

3.86, 2.507, 3.83, etc. *Pyrite blanche,* sous forme de boules.

3.82. *Pyrite blanche,* en décomposition, désagrégée sous forme de conoïdes, avec production de sulfate de fer, à la surface.

35.524. *Pyrite blanche,* dendritique.

VITRINE.

Pyrite blanche; plusieurs échantillons renfermés dans des bocaux lutés, remplis d'eau pour prévenir la décomposition.

2.508. *Pyrite blanche,* remplaçant des coquilles (ammonites); de Karakowa, près de Moscou.

M. 84. ARMOIRE.

ESPÈCE FER OXYDULÉ (Aimant), etc.

Le *fer oxydulé* est désigné souvent sous le nom d'*aimant*, à cause de la propriété qu'il possède d'attirer l'aiguille aimantée (voir page 38). Il constitue un très-bon minerai; celui de Suède fournit le meilleur fer pour la fabrication de l'acier.

37.109. *Fer oxydulé*, en dodécaèdre; portion d'un énorme cristal; de Traversella (Piémont).

35.107. *Fer oxydulé*, en cristaux d'une autre forme: de la même localité.

2.477. *Fer oxydulé;* nombreux petits cristaux, sur roche de chlorite; de Sibérie.

VITRINE.

Cristaux isolés de fer oxydulé.

La dernière ligne en avant de la vitrine, présente d'autres échantillons grenus ou amorphes, de la même espèce, provenant principalement des mines de Suède.

ARMOIRE TECHNOLOGIQUE N° 15.

MINÉRAUX POUR LES ARTS CÉRAMIQUES.

Roches façonnées en poteries.

23.568 et 23.567. *Pierre ollaire, façonnée en marmites;* des environs de Côme (Lombardie).

1.56. *Creuset en graphite*, de Passau (Bavière.)

Roches pour les pâtes céramiques.

Kaolin; différents genres, de localités diverses.

Roches pour la couverte (vernis) des porcelaines.

TERRES POUR LE DÉGRAISSAGE DES ÉTOFFES.

Argiles dites *smectiques.*

PIERRES A MOUDRE ET A BROYER :

En particulier, *meulière;* des environs de Paris.

M. 85. ARMOIRE.

FER OXYDULÉ (suite).

VITRINE.

FER OXYDULÉ (fin).

3.7. *Fer oxydulé, aimantaire (aimant naturel)*, recouvert, par attraction, de limaille de fer.

3.6. *Fer oxydulé, aimantaire*, garni d'armatures en cuivre et en fer; il peut attirer un poids de plus de 3 kilogrammes.

M. 86. ARMOIRE.

ESPÈCE FER OLIGISTE.

L'espèce *fer oligiste* (sesqui-oxyde, autrement dit peroxyde, de fer) est l'une des plus importantes du genre fer, soit pour sa fréquence dans la nature et son importance comme minerai, soit pour ses belles cristallisations et le grand nombre de ses variétés de structure : *cristallisée, cristalline, concrétionnée, compacte, terreuse*, etc. Toutes ces variétés se reconnaissent à un caractère commun, celui de la poussière, qui est rouge, quelle que soit du reste la couleur de l'échantillon à sa surface.

La collection est richement fournie d'échantillons de cette espèce.

3.34 et 3.20. *Fer oligiste;* cristaux présentant les plus vives irisations; de l'île d'Elbe.

2.479. *Fer oligiste,* en petits cristaux *vivement irisés,* tapissant les cavités d'un fer oligiste compacte; de Framont, Vosges.

3.35. *Fer oligiste,* en gros cristaux, de la forme primitive, striés parallèlement aux arêtes, avec chaux carbonatée; de Wermeland (Suède). (Échantillon très-précieux par sa rareté.)

5.

Vitrine.

Fer oligiste ; cristaux isolés ou sur gangue ; quelques-uns des plus remarquables sont :

3.28. *Fer oligiste, en tables hexagonales ;* de Framont (Vosges).

52.452. *Fer oligiste, en lentilles* très-aplaties, brillantes et d'un beau noir, parmi des cristaux de quartz ; de Framont (Vosges).

M. 87. Armoire.

Fer oligiste (suite).

24.25. *Fer oligiste, en petits cristaux très-brillants, produits par sublimation,* sur la surface d'une roche volcanique ; du Puy-de-Dôme.

Vitrine.

25.146, 53.31, 3.29. *Fer oligiste, spéculaire ;* divers échantillons.

On a donné le nom de *spéculaire* à la variété cristalline, laminaire, du fer oligiste ; les lames sont si brillantes, dans cette variété, qu'elles réfléchissent les images comme un miroir *(speculum) ;* de là le nom particulier qu'elle porte.

Armoire technologique n° 16.

Minéraux pour les arts céramiques (suite).

Argiles employées pour les poteries.

38.199. *Magnésite* (silicate de magnésie), dite *écume de mer,* d'Anatolie ; employée pour la fabrication des pipes.

Terres sigillées.

Ce sont des argiles propres à prendre et à conserver l'empreinte des corps.

Grès à paver.

On remarque ici principalement les grès employés pour le pavage de la ville de Paris.

M. 88. ARMOIRE.

FER OLIGISTE (fin).

3.46, 3.47, etc. *Fer oligiste*, en concrétions mamelonnées à la surface, fibreuses à l'intérieur.

Cette variété de fer oligiste a reçu le nom particulier d'*hématite rouge;* on s'en sert pour *pierre à brunir*, c'est-à-dire pour pierre à polir les métaux précieux : la substance, par sa grande homogénéité et par sa dureté, aplanit les aspérités, sans rien retrancher du métal.

15. 46. *Fer oligiste, fibreux, propre à brunir;* énorme fragment conoïdal; de Bohême.

VITRINE.

53.36. *Fer oligiste*, de la variété *hématite rouge*, façonné en brunissoir.

Diverses autres variétés de fer oligiste : grenue, compacte, grossière, terreuse; ocre rouge, etc.

Cette dernière variété *(ocre rouge)* est employée comme couleur, ainsi que nous l'avons vu page 75 : c'est une argile fortement imprégnée de fer oligiste.

49.331. *Fer oligiste, terreux*, remplaçant une ammonite; de la Voulte (Gard).

49.332. *Fer oligiste, lamelleux*, remplaçant une coquille bivalve du genre *Unio;* de Beauregard, près d'Avallon.

Ces deux derniers exemples de pétrification sont extrêmement curieux : évidemment le corps organisé, qui a laissé ici sa forme, n'a pas vécu dans un milieu aussi chargé de fer que celui où on le rencontre aujourd'hui; l'arrivée du fer a donc été postérieure au dépôt de la couche où ce corps est renfermé.

M. 89. Armoire.

ESPÈCE FER HYDRATÉ.

Le *fer hydraté* (hydrate de sesqui-oxyde de fer) est également l'une des espèces de fer les plus répandues et les plus abondantes dans la nature; il est aussi l'un des minerais principaux de fer. Il ne cristallise jamais; on le rencontre à l'état concrétionné, fibreux, à l'état globulaire, à l'état compacte, à l'état grossier, à l'état terreux. La couleur brune, ou jaune de rouille, domine généralement dans les échantillons; c'est rarement le noir, et encore cette couleur n'existe-t-elle qu'à la surface de quelques concrétions; mais la *couleur de la poussière est toujours jaune*, caractère essentiel qui distingue cet oxyde de fer des autres oxydes du même métal.

3.123, 2.518, 3.120, etc. *Fer hydraté;* plusieurs échantillons, concrétionnés.

39.84. *Fer hydraté*, concrétionné, vivement irisé; de Quiro-Lima (Pérou).

3.124. *Idem;* de Huttenberg en Carinthie.

VITRINE.

FER HYDRATÉ (suite), etc.

M. 90. ARMOIRE ET VITRINE.

FER HYDRATÉ (suite).

3.17 et 36.151. *Fer hydraté;* échantillons montrant l'état terreux, avec la couleur jaune.

M. 91. ARMOIRE.

FER HYDRATÉ (fin).

3.92. *Fer hydraté,* remplaçant un polypier (*astrée*); très-gros échantillon.

3.94. *Fer hydraté, globulaire, remplissant les cavités d'un nautile* (mollusque céphalopode); l'échantillon a été scié en travers, pour faire voir la structure intérieure de la coquille.

3.125. *Fer hydraté, pisolitique,* en masse agrégée.

(Nous avons expliqué, page 42, les formes pisolitiques et oolitiques.)

VITRINE.

3.98 et 28.14. *Fer hydraté, oolitique ;* oolites désagrégés.

M. 92. ARMOIRE.

ESPÈCE FER CARBONATÉ.

Cette espèce est, avec les trois précédentes, parmi les plus importantes du genre fer; elle fournit un bon minerai. On la rencontre sous trois états : *cristallisé, laminaire* ou *lamellaire, compacte.* Ses cristaux présentent souvent la forme de lentilles (de là le nom de variété *lenticulaire*); la variété laminaire est fréquemment désignée sous le nom de *fer spathique;* la variété compacte, sous celui de *fer carbonaté lithoïde.* Le fer carbonaté est d'un gris clair, jaunâtre; cette couleur passe souvent au brun, par la transformation du protoxyde de fer en hydrate de fer.

3.137 et 3.17. *Fer carbonaté, lenticulaire.*

44.140. *Fer carbonaté, à grandes lentilles ;* de Traversella (Piémont).

15.61. *Fer carbonaté, brun par altération;* de Huttenberg, en Carinthie.

3.145. *Fer carbonaté, spathique* (laminaire).

M. 93. ARMOIRE.

FER CARBONATÉ (fin).

3.133. *Fer carbonaté, lithoïde,* en sphéroïde aplati; du terrain houiller.

Le fer carbonaté lithoïde se trouve ordinairement dans le terrain houiller : en nodules, en boules ou en petites couches, dans les argiles qui accompagnent le combustible. La richesse de certains districts houillers de l'Angleterre repose sur la présence de ce minerai de fer, dans le terrain même exploité pour la houille. L'exploitation utilise à la fois, et le combustible, et le minerai, qui est traité sur place, au moyen du combustible.

35.654. *Fer carbonaté, lithoïde, remplaçant une tige de monocotylédone ;* du terrain houiller.

Ce fait, de pétrification de tiges de végétaux par le fer carbonaté, est assez fréquent dans le terrain houiller ; mais au lieu de tiges ligneuses, on rencontre souvent aussi, dans l'intérieur des nodules de fer carbonaté, des feuilles ou même des animaux, tels que poissons, bivalves, etc. Ces différents corps organisés ont conservé, au sein du minéral, leur forme parfaitement intacte.

M. 94, M. 95 et **M. 96.** ARMOIRES ET VITRINES.
GENRE FER (fin).

Espèces moins importantes que les précédentes.

ARMOIRE TECHNOLOGIQUE N° **17.**
COLLECTION DE PIERRES PRÉCIEUSES.

Cette collection se compose de plus de 110 pièces, représentant les variétés précieuses, principales, des espèces minérales.

Nous citerons seulement ici les plus importantes ;

1re **Tablette** (supérieure).

Béryl ; deux prismes aux deux coins de la tablette ; ensuite, des *Quartz.*

26.236. *Quartz avanturine, vert ;* de Belloor, dans le Mysore (Indes orientales).

2e **Tablette** (en descendant).
QUARTZ HYALIN de diverses couleurs, imitant les pierres précieuses.

26.88 et les trois pièces suivantes. *Quartz hyalin, jaune,* de différentes nuances, imitant les topazes.

31.63 et les trois pièces suivantes. *Quartz hyalin, améthyste.*

7.348 et les deux pièces qui terminent la série de la tablette. *Quartz chatoyant,* dit *œil-de-chat.*

3ᶜ Tablette.

QUARTZ (suite): Agates, Opale, etc.

26.74. *Agate calcédoine, d'un bleu tirant au lilas (saphirine).*

a.64. *Agate calcédoine, arborisée;* arborisations palmées, de couleur terre d'ombre.

Ensuite, différentes variétés *d'opale.*

4ᵉ Tablette.

TOURMALINES; TOPAZES; PÉRIDOTS; etc.

— *Topaze limpide,* d'un grand diamètre; du Brésil.

36.95. *Topaze bleuâtre,* du Brésil.

22.143. *Topaze jaune-roussâtre;* d'un grand diamètre.

8.33. *Topaze rose.*

9.76. *Péridot chrysolite;* très-grosse pièce.

5ᵉ Tablette.

CORINDONS.

26.99 et les deux pièces suivantes. *Corindon télésie, d'un rose violacé (améthyste orientale).*

8.14 et 8.6. *Corindon télésie, rose (rubis oriental).*

a.66. *Corindon télésie, jaune (topaze orientale);* d'un grand diamètre; cet échantillon est l'une des pièces capitales de l'armoire.

a.67 (au milieu de la tablette et au centre de l'armoire). *Corindon télésie, bleu (saphir),* d'une limpidité parfaite.

Cette pièce est la plus précieuse de l'armoire, c'est l'une des pièces capitales de la galerie, et l'une des plus belles que l'on connaisse de son espèce; sa valeur est considérable.

8.147. *Corindon télésie, d'un vert brun.*

6ᵉ Tablette.

DIAMANTS.

0.59 et 0.61. *Diamants incolores.*

a.69. *Diamant jaune,* d'un gros volume.

0.62. *Diamant,* d'une teinte *jaune, très-légère,* limpide et brillant.

0.63. *Diamant,* de couleur *souci.*

0.66. *Diamant,* d'un *rose léger.*

— *Diamant,* d'un *gris noirâtre,* présentant des matières étrangères suspendues dans son intérieur.

7ᵉ Tablette.

GRENATS ET ZIRCONS.

a.70. *Grenat violet (syrian).*

8.48. *Grenat almandin,* taillé en coupe ovale, remarquable par son volume.

26.35. *Grenat essonite,* d'un très-grand diamètre.

8.87. *Zircon hyacinthe.*

8ᵉ Tablette.

BÉRYLS ET ÉMERAUDES.

8.33. *Béryl aigue-marine, verdâtre.*

26.348. *Béryl aigue-marine,* d'un *bleu pâle.*

22.140. *Béryl aigue-marine, jaune-verdâtre;* des Indes orientales.

26.349. *Émeraude,* d'un *beau vert;* de Santa-Fé de Bogota, Nouvelle-Grenade.

9ᵉ Tablette.

CYMOPHANE; SPINELLE-RUBIS; LABRADOR.

26.346. *Spinelle-rubis.*

10ᵉ Tablette.

CALCAIRE FIBREUX ET CALCAIRE LUMACHELLE; AVANTURINE; TURQUOISE.

25.360. *Lumachelle opaline.*

— *Turquoise,* de Perse.

11ᵉ Tablette.

— *Gypse fibreux, soyeux,* en collier.

———

Nous arrivons maintenant à l'extrémité Est de la galerie ; en face, est la porte qui conduit dans les salles de botanique.

Dans l'espace compris entre la fin des armoires que nous venons de parcourir, la porte de botanique et le commencement des armoires qui forment la série parallèle à la précédente, nous rencontrons encore quelques objets placés hors série, comme ceux que nous avons déjà observés, en entrant dans la galerie.

A gauche de la porte de botanique : *Stalagmite calcaire* (un mètre de haut sur un mètre de large), provenant d'une grotte des environs du village de Birmadrées, près d'Alger. Cet échantillon porte sur l'une de ses faces des portions de la couche de limon et de gravier, parsemée d'*ossements fossiles de mammifères,* qui se trouve sous le lit de la stalagmite. Il a été recueilli et rapporté par la commission scientifique d'Algérie, en 1842.

Lave basaltique, en prisme à six faces ($0^m,60$ de haut sur $0^m,35$ de large), composé de plusieurs tronçons articulaires ; d'Auvergne.

Autre *prisme en lave basaltique* ($0^m,45$ de haut, $0^m,65$ de large), composé de deux tronçons ; de la Tour, pente occidentale du Mont-Dore (Puy-de-Dôme).

A droite de la porte de la botanique : *prismes basaltiques,* analogues aux précédents, et des mêmes localités.

Dans les tympans, de chaque côté de la porte, quatre tableaux, par Rémond, représentent les sujets suivants :

A gauche de la porte,

1° *Éruption du Vésuve, du 22 octobre* 1822; vue prise de nuit, à la base orientale du petit cône.

2° *Escarpement de lave basaltique, du haut duquel tombe la cascade de Quereil,* vallée du Mont-Dore (Puy-de-Dôme).

A droite de la même porte,

1° *Cimes calcaires du Wetterhorn, et glacier de Rosenlauï* (Oberland bernois).

2° *Volcan de l'île de Stromboli,* entre Naples et la Sicile; vue prise au nord de l'île, dans la nuit du 30 août 1842; le volcan est en activité depuis un temps immémorial.

A l'extrémité de l'épine, est une masse considérable de *fer météorique,* pesant 591 kilogrammes, qui a été découverte en 1828, à Caille, près Grasse (Var), par Brard. Cette masse est tombée du ciel, à une époque inconnue, qui doit être très-ancienne : elle servait depuis un temps immémorial à amarrer les bâtiments; dans les trous dont elle est percée, étaient fixés des crochets de fer destinés pour cet usage. Quelques portions, qui ont été enlevées, ont laissé des surfaces polies dans lesquelles on distingue nettement le réseau octaédrique, caractéristique de cette sorte de fer. L'analyse qui en a été faite a constaté la présence du nickel, et sans nul doute cette masse est un fer météorique. (Voir, sur la nature et l'origine des fers météoriques, page 77.) Cette énorme masse est l'une des pièces capitales de la collection.

Nous tournons maintenant à gauche, pour continuer l'étude des minéraux, suivant leur ordre de classification, dans la série des armoires opposée à celle que nous venons de parcourir. Les armoires des piédestaux des colonnes, dans cette nouvelle série, sont consacrées à la géologie. Nous dirons cependant quelques mots des pièces qu'elles renferment, à mesure que nous les rencontrerons, pour ne pas être obligés d'y revenir plus tard ; du reste, la plupart de ces pièces présentent aussi de l'intérêt au point de vue minéralogique.

—

ARMOIRE DE LA 1re COLONNE (AVANT M. **97**).

COLLECTION DE ROCHES MÉTÉORIQUES (vulgairement *pierres tombées du ciel*).

Cette collection est l'une des plus précieuses de la galerie, et aussi l'une des plus belles que l'on connaisse dans son genre, par le nombre des pièces (76 à 80), par leur nature variée, et par les localités multiples d'où elles proviennent. Elle a été formée tout entière par l'illustre professeur de géologie actuel, M. Cordier, qui a spécialement étudié ces sortes de roches et les a classées sous les principaux chefs suivants :

MÉTÉORITES LITHOIDES ; — MÉTÉORITES VITREUSES ; — MÉTÉORITES CHARBONNEUSES ; — FERS MÉTÉORIQUES.

Nous voudrions pouvoir indiquer ici les localités principales d'où proviennent ces pièces curieuses, et décrire les caractères propres à chacune d'elles, ainsi que les circonstances remarquables qui ont accompagné leur chute, etc.; mais l'espace s'y oppose.

M. 97. ARMOIRE ET VITRINE.

GENRE COBALT : ESPÈCES COBALT ARSENICAL, COBALT GRIS, etc.

Le *cobalt* n'a pas, à beaucoup près, la même importance, comme métal utile, que quelques-uns des métaux que nous avons déjà rencontrés. Il n'est guère employé que pour couleur : les bleus sur porcelaine, sur émail, sur poterie, et tous les verres bleus, sont préparés avec du cobalt. L'une de ses espèces, cobalt arsénio-sulfuré, autrement dit *cobalt gris*, fournit des cristaux à facettes nettes et très-brillantes, de formes assez analogues à celles de la pyrite jaune de fer ; ces cristaux proviennent, la plupart, de la mine de Tunaberg, en Suède.

M. 98. ARMOIRE ET VITRINE.

GENRE COBALT (suite) : ARSÉNIATE DE COBALT, etc. ; GENRE NICKEL.

Les arséniates de cobalt, à l'état fibreux, rayonné, ou à l'état terreux, se reconnaissent ici par leur belle couleur rose fleur-de-pêcher.

Le *nickel* n'est pas plus important que le cobalt, par son emploi dans les arts et dans l'industrie ; on sait qu'allié, en petite quantité, au laiton, il forme le *maillechort*, qui imite parfaitement l'argent. Ce métal, du reste, est assez rare dans la nature ; on ne l'y trouve guère qu'à l'état d'arséniure, en masses amorphes, couleur de cuivre métallique, ainsi que quelques échantillons le font voir dans l'armoire.

M. 99. ARMOIRE.

GENRE ZINC : ESPÈCE ZINC SULFURÉ.

Le genre *zinc* ne comprend que trois ou quatre espèces importantes : le zinc sulfuré, le zinc carbonaté, le zinc silicaté, etc. ; les deux premières espèces, principalement, fournissent le minerai de zinc.

Le *zinc sulfuré (blende)* se rencontre souvent sous forme de cristaux ; ceux-ci sont translucides, ou même transparents, diversement colorés de jaune, de rouge, de vert, de brun ; leur cassure est résineuse ; ils sont généralement de forme compliquée.

15.63. *Zinc sulfuré (blende)*; large surface toute garnie de cristaux ; à faces brillantes, à reflets d'un jaune verdâtre, fortement translucides ; de Schemnitz (Hongrie.)

Vitrine.

50.79. *Zinc sulfuré (blende),* laminaire, à larges lames de clivage; cet échantillon, d'une belle teinte verdâtre, est presque tout à fait transparent.

M. **100.** Armoire.

Zinc sulfuré (suite).

Plusieurs échantillons remarquables par leurs dimensions et par la beauté de leurs cristaux.

Vitrine.

26.212. *Zinc sulfuré (blende), concrétionnée, mamelonnée;* de Kaibel, en Carinthie.

52.621. *Buratite* (carbonate de cuivre et de zinc); bel échantillon, provenant de Campiglia (Toscane). Les échantillons de cette espèce, de création assez moderne, sont rares.

M. **101.** Armoire et Vitrine.

Espèces Zinc silicaté; Zinc carbonaté.

Le *zinc carbonaté* et le *zinc silicaté* ne présentent pas du tout l'éclat métallique; leur couleur et l'ensemble de leurs caractères extérieurs les feraient facilement confondre avec les espèces appartenant à la classe des pierres. Ces deux espèces s'accompagnent ordinairement l'une l'autre; elles constituent le minerai désigné sous le nom de *Calamine,* minerai principal de zinc, que fournissent en particulier les exploitations célèbres des bords du Rhin, le Stolberg, la Vieille-Montagne, etc., desquelles proviennent une grande partie du zinc consommé en Europe. Les deux espèces zinc carbonaté et zinc silicaté n'offrent guère de caractères extérieurs qui les fassent remarquer dans une collection.

Les deux espèces sont représentées ici par une suite très-nombreuse d'échantillons, provenant principalement de la Vieille-Montagne (Belgique). Ces échantillons ne brillent pas par leur éclat, mais ils pré-

sentent une certaine importance aux yeux du minéra-
logiste, par la variété de leurs formes cristallines.

52.450. *Zinc silicaté*, de forme concrétionnée et
mamelonnée, *coloré en bleu clair très-vif,* par du cuivre;
du Cumberland.

M. 102. ARMOIRE.

ZINC (fin des espèces). GENRE CADMIUM. GENRE ANTIMOINE.

L'*antimoine* est employé principalement, comme l'on sait, pour
la composition des caractères d'imprimerie (1 d'antimoine, 4 de
plomb); on allie aussi ce métal avec l'étain, pour les couverts dits *de
composition,* etc. Il se trouve principalement, dans la nature, à l'état
de sulfure; on le rencontre aussi à l'état natif, quelquefois à l'état
d'oxyde, etc. Le minerai principal d'antimoine est le sulfure, qui
est en même temps l'espèce la plus importante du genre. Cette
espèce existe à l'état cristallisé ou à l'état bacillaire, fibreux, aciculaire, ou à l'état compacte. Les cristaux sont ordinairement très-
allongés, de couleur noir-bleuâtre, quelquefois vivement irisés. Ils
sont très-brillants dans leur cassure fraîche, suivant l'un des sens de
la longueur.

L'*antimoine natif* est ordinairement associé à l'arsenic natif; il
est lamellaire, de couleur blanc d'étain, et très-éclatant.

Nous ne signalerons l'*antimoine oxydé,* que parce qu'une mine
assez importante de cette espèce a été découverte, il y a quelques
années, dans la province de Constantine (Algérie).

M. 103. ARMOIRE ET VITRINE.

ESPÈCE ANTIMOINE SULFURÉ; etc.

35.97. *Antimoine sulfuré;* longs cristaux prismatiques, de Lubillac (Auvergne).

2.578. *Antimoine sulfuré,* en petites aiguilles disséminées, par groupes, sur du calcaire, avec calcédoine
concrétionnée; de Kremnitz (Hongrie).

2.595. *Antimoine sulfuré*, aciculaire; de Transylvanie.

2.595, 2.888, 4.66. *Antimoine sulfuré,* en fibres
très-fines, assez vivement irisées; de Transylvanie.

53.81. *Antimoine sulfuré*, remarquable par sa disposition fibreuse, rayonnée; de Bolivie.

M. 104. Armoire.

Antimoine sulfuré (suite); Oxyde d'antimoine.

2.577. *Antimoine sulfuré*, en aiguilles recouvertes de calcédoine, avec larges cristaux tabulaires, rhomboïdaux, de baryte sulfatée; gros échantillon, de Kremnitz (Hongrie).

2.584. *Antimoine sulfuré*, extrêmement remarquable par les groupes d'aiguilles qu'il présente; de Hongrie.

51.168. *Antimoine oxydé;* grosse masse, composée de nombreux petits centres fibreux et radiés; de la province de Constantine (Algérie).

Vitrine.

Échantillons cristallisés, octaédriques, du nouvel oxyde d'antimoine de la province de Constantine.

M. 105. Armoire.

Genre Plomb : espèce Galène.

Le genre *plomb* est l'un des plus importants, parmi les métaux; il fournit des espèces remarquables par la beauté des échantillons; on connaît, d'autre part, les nombreux usages du plomb comme métal.

Trois ou quatre des espèces de plomb, méritent plus spécialement de fixer ici notre attention : le plomb *sulfuré*, le plomb *carbonaté*, les plombs *phosphaté* et *arséniaté*, le plomb *chromaté*.

Le plomb sulfuré *(galène)* est le principal minerai de plomb; cette espèce est assez facile à reconnaître : par sa couleur, d'un gris bleuâtre; par ses cristaux, à faces généralement ternes, mais reproduisant les formes les plus simples du système cubique; par sa cassure laminaire, à facettes extrêmement brillantes, etc.

L'armoire n° 105 contient les échantillons de la première espèce, galène.

—*Galène;* cristaux imparfaits, d'un très-gros volume.

11.5. *Galène;* nombreux petits cubes d'une, grande netteté; du Derbyshire.

11.9. *Galène cubique;* cristaux assez gros; du Derbyshire.

VITRINE.

Cristaux isolés de l'espèce Galène.

M. 106. ARMOIRE ET VITRINE.

GALÈNE (suite).

Grands et beaux échantillons, principalement dans l'armoire.

— En particulier: *Galène,* en cristaux, parmi d'autres cristaux de chaux fluatée d'une belle couleur violette; d'Ejam (Derbyshire).

M. 107. ARMOIRE ET VITRINE.

GALÈNE (fin), et autres espèces moins importantes de plomb.

M. 108. ARMOIRE.

ESPÈCE PLOMB CARBONATÉ.

Le *plomb carbonaté (céruse)* ne possède pas l'éclat métallique qui caractérise généralement les espèces de métaux. Lorsqu'il est cristallisé, il est blanc, ou blanc-jaunâtre, fortement translucide; il présente un éclat tout particulier, qui offre de l'analogie avec celui du diamant, et qu'on a appelé pour cela éclat *adamantin.*

40.92. *Plomb carbonaté, bacillaire,* sur large plaque de galène; d'Huelgoët (Finistère).

11.37. *Plomb carbonaté, aciculaire,* avec éclat soyeux; de Zillerthal, au Harz. Cet échantillon est précieusement conservé sous une cage vitrée, à cause de l'extrême délicatesse des fibres qui le composent.

VITRINE.

PLOMB CARBONATÉ (suite).

Très-nombreuse et belle série de cristaux détachés. Ensuite :

51.28. *Plomb carbonaté* cristaux très-brillants, présentant un bel exemple de l'*éclat adamantin*, propre à cette substance ; de Przibram (Bohême).

ARMOIRE DE LA COLONNE, ENTRE M. 108 ET M. 109.

EAUX DE SOURCES, ORDINAIRES, CHAUDES ; — EAUX DE SOURCES, MINÉRALES, FROIDES ; — EAUX DE SOURCES, MINÉRALES, CHAUDES ; — EAUX DE RIVIÈRES.

M. 109. ARMOIRE ET VITRINE.

PLOMB CARBONATÉ (suite) ; autres espèces de Plomb.

M. 110. ARMOIRE.

ESPÈCE PLOMB PHOSPHATÉ ; etc.

Le *plomb phosphaté* est ordinairement sous la forme de prismes à six faces, ou sous celle d'aiguilles plus ou moins fines, ou enfin sous celle de concrétions mamelonnées. Ses couleurs dominantes sont le vert et le brun.

11.61. *Plomb phosphaté*, vert, mamelonné ; de Sclopau (Saxe) ; gros échantillon.

11.70 et 11.43. *Plomb phosphaté*, vert, botryoïde ; des environs de Freiberg, en Brisgaw ; gros échantillon.

2.278. *Plomb phosphaté*, vert ; de la même localité.

VITRINE.

28.55. *Plomb phosphaté*, vert, en prismes hexagonaux très-nets ; de Joachimsthal (Bohême).

6

29.1 et 39.171. *Plomb phosphaté*, vert-pâle, concrétionné, sur quartz ; du pays de Bade ; très-beaux échantillons, surtout pour la couleur.

M. 111. ARMOIRE.

PLOMB PHOSPHATÉ (fin) ; PLOMB ARSÉNIATÉ, et autres espèces moins importantes de plomb.

Le *plomb arséniaté* présente les différents genres de forme du plomb phosphaté ; mais sa couleur est différente et tire au jaune, surtout au jaune orangé et au jaune verdâtre.

35.1064. *Plomb phosphaté*, brun, aciculaire ; de Huelgoët (Finistère) ; gros échantillon.

28.70, 44.4 et 50.300. *Plomb arséniaté*, variétés diverses ; du Cornouailles et du Cumberland (Angleterre).

VITRINE.

52.391. *Plomb chloro-carbonaté*, d'un jaune clair, transparent ; de Matlock, en Derbyshire.

Cet échantillon, sans apparence extérieure, a beaucoup de valeur pour sa très-grande rareté ; c'est l'un des plus beaux que l'on connaisse de son espèce.

M. 112. ARMOIRE.

PLOMB CHROMATÉ ; autres espèces terminant le plomb.

Le *plomb chromaté* se reconnaît facilement à la couleur rouge-orangé, très-vive, de ses petits cristaux ; il est presque toujours cristallisé.

2.202 et 35.1103. *Plomb chromaté*, en cristaux bacillaires, sur une large surface de grès micacé ; d'Ekaterinebourg et de Bérézof (Sibérie).

41.7 et 41.1. *Plomb chromaté*, en cristaux, sur quartzite grenu ; de la province de Minas-Geraes (Brésil).

VITRINE.

Cette vitrine contient, vers les dernières rangées à droite, de remarquables échantillons de *plomb gomme.*

Le *plomb gomme* (silico-aluminate de plomb) est une grande rareté minéralogique; il est presque exclusif à la France, et encore, dans la localité unique de ce pays qui a fourni des échantillons, on n'en trouve plus aujourd'hui que très-rarement.

35.1112. *Plomb gomme,* mamelonné, brun; de Huelgoët (Finistère).

27.140. *Plomb gomme,* concrétionné, présentant un éclat presque nacré; de localité inconnue.

M. 113. ARMOIRE.

GENRE ÉTAIN : ESPÈCE ÉTAIN OXYDÉ.

L'*étain*, si important au point de vue métallique, ne compte cependant que deux espèces minéralogiques : *étain oxydé* et *étain sulfuré;* et encore cette dernière espèce n'est-elle qu'une rareté minéralogique. Il est à remarquer que l'étain ne se trouve presque, dans la nature, qu'à l'état d'oxyde, tandis que la plupart des autres métaux existent, le plus fréquemment, à l'état de sulfure.

L'*étain oxydé* existe presque exclusivement sous forme de cristaux ou sous forme cristalline. Quelques échantillons rares présentent la forme concrétionnée, mamelonnée à la surface, zonée et fibreuse à l'intérieur; on a donné à cette variété le nom d'*étain ligneux, étain de bois.* La couleur de l'étain oxydé est ordinairement le brun-marron, quelquefois le noir; les cristaux sont assez brillants à la surface; ils sont souvent maclés : deux cristaux se pénètrent à angle droit, de manière à donner un angle rentrant; cette variété est connue sous le nom de *bec d'étain.*

2.535. *Étain oxydé,* en cristaux, sur un gneiss; de Schlackenwald (Bohême).

48.268. *Étain oxydé;* gros prismes à base carrée, associés à l'émeraude, dans le quartz; de la Villeder (Morbihan).

VITRINE.

Sulfure d'étain et série de cristaux isolés d'étain oxydé, parmi lesquels les numéros :

51.502. *Étain oxydé ;* cristal très-surbaissé.

48.265. *Étain oxydé ;* gros cristal, de la forme presque simple; de la Villeder (Morbihan).

3.189 et 35.364. *Étain oxydé ;* cristaux hémitropes, dits *bec d'étain.*

M. 114. ARMOIRE.

ÉTAIN OXYDÉ (suite).

48.53. *Étain oxydé ;* gros cristaux associés à des prismes d'émeraude et à du mica, dans un granit; de la Villeder (Morbihan).

Cet échantillon offre à la fois l'intérêt du gisement et celui de la forme.

VITRINE.

33.394 et 26.38. *Étain oxydé, concrétionné (étain de bois);* du Mexique.

M. 115. ARMOIRE ET VITRINE.

GENRES BISMUTH ET URANE.

Le *bismuth* sert principalement, comme l'on sait, pour former l'*alliage de Darcet*, qui fond au-dessous de la température de l'eau bouillante et dont on fait les soupapes de sûreté, dans les chaudières à vapeur. Ce métal ne constitue qu'un petit genre minéralogique, comprenant principalement les espèces *bismuth natif* et *bismuth sulfuré*. La moins rare de ces espèces est le bismuth natif, qui fournit en même temps le minerai principal du genre; le bismuth natif est presque toujours sous forme dendritique.

L'*urane* est à peu près sans usage; ses espèces n'ont quelque importance qu'au point de vue minéralogique. L'espèce surtout, *urane phosphaté*, se distingue par sa belle couleur vert-jaunâtre ou vert-émeraude.

M. 116. ARMOIRE.

GENRE CUIVRE : ESPÈCE CUIVRE NATIF.

Les espèces du genre cuivre sont nombreuses, et plusieurs sont importantes, comme minerai et comme espèce minérale. Nous citerons principalement le cuivre natif, le cuivre gris, la pyrite jaune de cuivre, le cuivre carbonaté bleu, le cuivre carbonaté vert, le cuivre oxydulé, etc.

Le *cuivre natif,* c'est-à-dire le cuivre à l'état de métal simple dans la nature, a la couleur caractéristique que nous lui connaissons à l'état travaillé. Sa couleur jaune-rougeâtre apparaît surtout dans la cassure fraîche; à l'extérieur, la teinte est un peu différente, passant au gris foncé ou au gris noirâtre, par altération, ou par encroûtement de matières étrangères, etc. La forme générale du cuivre, à l'état natif, est celle de masses irrégulières ou de petits cristaux cubiques ou octaédriques, disposés en dendrites. Le cuivre natif est très-abondant dans quelques mines (Sibérie, lac Supérieur, etc.). On le compte au nombre des minerais de cuivre.

M. 117. ARMOIRE ET VITRINE.
CUIVRE NATIF (suite); AUTRES ESPÈCES DE CUIVRE.

ARMOIRE DE LA COLONNE, ENTRE M. 117 ET M. 118.
EAUX DE RIVIÈRES (suite); — EAUX DE LACS D'EAU DOUCE; — EAUX DE MERS INTÉRIEURES; — EAUX DE L'OCÉAN ATLANTIQUE; — EAUX REJETÉES PAR LES VOLCANS; — EAUX DES MINES.

M. 118. ARMOIRE.
ESPÈCES CUIVRE PYRITEUX ET PHILLIPSITE.

Le *cuivre pyriteux (pyrite jaune de cuivre)* est un sulfure de cuivre et de fer. On le reconnaît facilement à sa couleur jaune d'or ou jaune légèrement verdâtre, jointe à son éclat métallique. Les échantillons sont souvent irisés des nuances les plus vives; ils se font remarquer par ce caractère, dans toutes les collections. On pourrait confondre toutefois le cuivre pyriteux avec la pyrite jaune de fer; mais ce dernier minéral est d'une couleur moins foncée; d'autre part, il donne des étincelles au briquet, caractère qui ne se rencontre pas dans le cuivre pyriteux. Le cuivre pyriteux est quelquefois cristallisée, mais ses cristallisations sont peu nettes; il est plus fréquemment amorphe. Il fournit un des principaux minerais de cuivre.

La *phillipsite (cuivre panaché)* est une combinaison analogue à celle de l'espèce précédente. Les échantillons sont presque toujours amorphes, vivement irisés, comme ceux du cuivre pyriteux, mais la couleur dominante n'est jamais le jaune : c'est un mélange de bleu et de pourpre.

5.117. *Cuivre pyriteux,* en cristaux, avec quartz hyalin.

6.

5.20 et 5.21. *Cuivre pyriteux*, en petits cristaux groupés sous forme mamelonnée et vivement irisés; de Leogang (Salzbourg).

25.175. *Cuivre pyriteux*, cristallisé.

VITRINE.

Les principaux échantillons de phillipsite sont placés dans cette vitrine.

52.619. *Phillipsite*, vivement irisée de bleu, de violet, de vert, etc.; de Monte-Catini (Toscane).

54.53. Même espèce, même caractère; de Copiapo (Chili).

Quelques échantillons cristallisés de cuivre pyriteux et de beaux échantillons de la variété amorphe de la même espèce, complètent la vitrine.

M. 119. ARMOIRE ET VITRINE.
ESPÈCES CUIVRE GRIS, CUIVRE OXYDULÉ, etc.

Le *cuivre gris* est un sulfo-antimoniure de cuivre. Sa couleur est d'un gris noirâtre tirant un peu au gris mine-de-plomb. Il est en cristaux ou en masses amorphes. Les cristaux se présentent sous la forme générale du tétraèdre (pyramide à quatre faces triangulaires); ils sont assez nets et brillants. Le cuivre gris est, comme l'espèce précédente, au nombre des minerais de cuivre; il est souvent argentifère; il constitue dès lors aussi un minerai d'argent.

Les beaux échantillons de cuivre gris se trouvent principalement dans la vitrine

2.323. *Cuivre gris;* cristaux très-nets, avec quartz; de Kapnick (Transylvanie).

M. 120. ARMOIRE.
CUIVRE OXYDULÉ (suite).

Le *Cuivre oxydulé* est presque toujours sous la forme de cristaux du système cubique : cube, octaèdre, dodécaèdre à faces rhomboidales, etc. C'est l'une des espèces qui offrent les cristaux les plus nets de ce système. Sa couleur est d'un rouge cochenille très-vif; elle est caractéristique, lorsqu'elle n'est pas voilée par une décomposition à la surface, ou par des matières étrangères qui encroûtent les échantillons. Dans tous les cas, elle apparaît nettement dans la cassure ou dans la poussière. Le cuivre oxydulé est assez abondant dans quelques gisements, et constitue par conséquent un minerai de cuivre.

34.164. *Cuivre oxydulé,* en grosse masse, toute composée de petits cristaux octaédriques; du Cornouailles.

Vitrine.

Cuivre oxydulé (fin).

Cristaux isolés, montés sur griffes.

La plupart de ces cristaux proviennent de Chessy, près de Lyon, localité célèbre qui fournit les plus beaux de cette espèce; un grand nombre sont verdâtres à la surface, par la formation d'un peu de carbonate de cuivre.

52.99. *Cuivre oxydulé,* capillaire, soyeux, d'un rouge cochenille très-vif; d'Ekaterinebourg (Sibérie).

Armoire de la colonne, entre M. 120 et M. 121.

Produits divers des volcans.

M. 121. Armoire.

Espèce Cuivre carbonaté bleu.

Cette espèce est très-souvent désignée sous le nom d'*azurite;* ce nom lui vient de la belle couleur qu'elle présente et qui est comparable au *bleu d'azur.* La teinte en est plus foncée dans les cristaux et les masses compactes, plus claire dans la poussière et les masses terreuses. La couleur est tout à fait caractéristique de l'espèce, et les échantillons d'azurite sont faciles à reconnaître, dans les collections; on les admire parmi les plus remarquables du règne minéral.

La collection du Muséum est richement fournie d'échantillons d'azurite; les plus beaux proviennent de Chessy, près de Lyon; cette localité est aujourd'hui épuisée; les échantillons de la collection du Muséum en acquièrent d'autant plus de valeur. La série des cristaux, en particulier, est ici l'une des plus complètes et des mieux choisies que l'on connaisse ; elle a été classée avec soin, suivant l'ordre général adopté pour les cristaux de chaque espèce dans la galerie.

42.97. *Cuivre carbonaté bleu ;* gros cristaux groupés ; de Chessy, près de Lyon.

2.370. *Cuivre carbonaté bleu,* en petits cristaux, avec malachite, tapissant une géode de fer hydraté ; de Moldava (Bannat). La malachite, à l'état soyeux, associée ici à l'azurite, présente de magnifiques reflets de velours.

19.5, 42.98, 13.48, etc. *Cuivre carbonaté bleu,* cristallisé, d'une très-belle couleur ; échantillons tous plus remarquables les uns que les autres ; de Chessy, près de Lyon.

5.54 et 33.131. *Cuivre carbonaté bleu ;* variétés amorphes, mélangées de malachite amorphe ; la couleur bleue, dans ces variétés, est plus claire et plus vive que dans la variété cristallisée.

VITRINE.

Cuivre carbonaté bleu ; la belle série de cristaux dont il a été question tout à l'heure.

M. 122. ARMOIRE ET VITRINE.

ESPÈCE MALACHITE.

La *malachite* est encore un cuivre carbonaté, mais un peu différent de l'azurite, par les proportions de ses éléments. Sa couleur est encore très-caractéristique ; elle passe par diverses nuances, depuis le vert-émeraude jusqu'au vert-de-gris plus ou moins clair. La teinte présente d'ordinaire assez de vivacité. La malachite ne fournit pas de cristaux ; sa forme la plus habituelle est celle de concrétions, mamelonnées ou tuberculeuses à la surface, fibreuses et zonées à l'intérieur. Ces masses concrétionnées, sciées en travers et polies, présentent des nuances successives de vert, du plus bel effet : aussi la malachite est-elle très-recherchée pour objets d'ornements, ou même comme pierre de parure ; elle est employée sous le nom bien connu de *malachite*, que l'on a conservé à l'espèce. Les plus belles malachites à travailler proviennent de mines de Sibérie, qui sont la propriété du prince Demidoff. La malachite est aussi un minerai de cuivre.

Nous avons déjà admiré, dans l'armoire technologique n° 12, de magnifiques plaques polies de cette belle substance ; les armoire et vitrine M. 122 sont très-riches encore en malachites.

5.56. *Malachite fibro-soyeuse.*

38.114. *Malachite compacte, zonée ;* des mines Demidoff (Sibérie).

3.361. *Malachite, en petites houppes fibro-soyeuses,* d'un vert émeraude, dans une cavité de fer hydraté ; de Moldava (Bannat).

2.453. *Malachite concrétionnée, mamelonnée à la surface, fibreuse et zonée à l'intérieur ;* de Sibérie. La surface est noircie par un peu d'oxyde de cuivre.

2.424. *Malachite concrétionnée, mamelonnée, d'un vert clair.*

M. 123. ARMOIRE.

MALACHITE (fin).

L'armoire M. 123 est l'une de celles qui contiennent les échantillons les plus remarquables, dans la galerie.

2.426. *Malachite ;* grosse masse concrétionnée, mamelonnée, lisse et brillante à la surface ; de Sibérie.

5.76. *Malachite* concrétionnée, mamelonnée, d'un vert très-clair ; de Sibérie.

2.450. *Malachite* compacte, zonée ; l'une des faces est polie ; de Sibérie.

Malachite; variétés analogues à celles que nous venons d'énumérer.

5.63. *Malachite soyeuse,* comme *veloutée à sa surface.*

2.422, 2.392, 2.420. *Malachites;* variétés mamelonnées, lisses à la surface, d'un vert clair; de Sibérie.

2.391. *Malachite;* plaque polie, de Sibérie.

M. 124. Armoire et Vitrine.
Cuivre (suite des espèces).

Espèces n'offrant guère qu'un intérêt minéralogique; nous nous abstiendrons de les décrire ou d'en montrer ici des échantillons.

M. 125. Armoire.
Cuivre (suite des espèces).

De même que les espèces de l'armoire précédente, celles-ci ne présentent guère qu'un intérêt minéralogique. Nous en citerons seulement quelques échantillons, qui se font remarquer par leur couleur ou par d'autres caractères.

52.23. *Cuivre silicaté (chrysocale);* petits rognons irréguliers, d'un bleu de turquoise, dans une argile ferrugineuse; du Chili.

52.28. *Cuivre silicaté,* à cassure résineuse; du Chili.

52.148. *Cuivre sous-sulfaté (brochantite),* en masse cristalline, en partie lamellaire, et en partie fibreuse, radiée; espèce rare.

Vitrine.

36.183. *Cuivre silicaté (dioptase),* cristallisé, d'un

vert émeraude, avec calcaire spathique; de Sibérie.

De plus, plusieurs petits groupes de cristaux de la même espèce et du même pays.

M. 126. ARMOIRE ET VITRINE.
GENRE ARGENT : ESPÈCE ARGENT NATIF.

L'*argent* fournit des espèces assez nombreuses, parmi lesquelles on distingue principalement l'argent natif, l'argent sulfuré, l'argent antimonié-sulfuré, l'argent arsénio-sulfuré, l'argent chloruré, etc. Chacune de ces espèces est exploitée comme minerai.

L'*argent natif* n'a pas, extérieurement, la couleur et l'éclat qu'on lui connaît dans les objets travaillés; ces caractères sont masqués ordinairement à la surface par une matière noire ou gris-sale, qui paraît être une combinaison d'argent et de soufre; mais la cassure, ou plutôt une entaille faite dans la masse, révèle aussitôt la couleur et l'éclat caractéristiques du métal. Les formes les plus habituelles de l'argent natif sont celles de masses, de lames, de filaments, de dendrites; les cristaux, qui appartiennent au système cubique, sont assez rares. L'argent natif existe principalement, dans la nature, à l'état d'association avec d'autres espèces d'argent, principalement avec le sulfure et l'argent rouge. Le Mexique, Kongsberg en Norvége, le Chili, etc., sont célèbres pour l'argent natif qu'ils produisent; en voici différents échantillons :

0.166. *Argent natif, dendritique,* avec quartz; gros échantillon, présentant toute l'épaisseur d'un filon; du Mexique.

0.153. *Argent natif, filiforme,* avec calcaire laminaire; de Norvége. Cet échantillon est des plus remarquables, par la quantité et par la forme singulière de l'argent.

26.172 a. *Argent natif, en grandes lames,* avec fragments empâtés de la roche qui le contient; de la province de Sonora (Mexique).

0.144. *Argent natif, ramuleux,* composé de cristaux imparfaits, avec spath fluor; de Kongsberg (Norvége).

VITRINE.

54.31. *Argent natif;* grosse masse, composée de

fibres grossières, mélangées de chaux carbonatée; de Copiapo (Chili).

44.14. *Argent natif, filiciforme* (dendrite imitant la disposition d'une feuille de fougère); de la mine de Jésus-Maria, canton de Sonora (Mexique).

44.269. *Argent natif, en cubes* imparfaits; de Konsberg (Norvége).

M. 127. ARMOIRE ET VITRINE.
ARGENT NATIF (suite), ET AUTRES ESPÈCES D'ARGENT.

M. 128. ARMOIRE ET VITRINE.
ESPÈCES ARGENT SULFURÉ, ARGENT SULFO-ANTIMONIÉ.

L'*argent sulfuré (argent vitreux)*, a pour principal caractère d'être flexible et de pouvoir être coupé au couteau en copeaux, comme de la cire. Il est de couleur noire; on le rencontre quelquefois en cristaux, du système cubique; plus fréquemment, en masses amorphes. C'est le minerai d'argent le plus important.

2.145. *Argent sulfuré*, avec quartz; de Rose de Jéricho, près de Joachimsthal (Bohême).

25.295. *Argent sulfuré*, en octaèdres implantés sur un silex corné; de Saxe.

36.188. *Argent sulfuré*, en octaèdres qui paraissent allongés par empilement de cristaux; de Saxe.

M. 129. ARMOIRE ET VITRINE.
ARGENT SULFO-ANTIMONIÉ (suite); AUTRES ESPÈCES D'ARGENT.

L'*argent sulfuré-antimonié (argent rouge)*, se reconnaît à la couleur rouge-sombre de ses cristaux, à la couleur d'un rouge un peu plus clair de sa poussière; ses cristallisations sont assez belles; les faces des cristaux sont brillantes.

0.172. *Argent sulfo-antimonié*, en cristaux implantés sur calcaire spathique; énorme groupe de cristaux très-nets; échantillon de grande valeur.

La vitrine contient une assez belle série de cristaux d'argent sulfo-antimonié.

ARMOIRE DE LA COLONNE, ENTRE M. **129** et M. **130**.

Conglomérat nummulitique, à ciment calcaire, exploité en grand, comme marbre, aux environs du lac Chiemsée (Bavière); grandes plaques, polies.

Brèche serpentineuse, à ciment et veinules calcaires, dite *vert de Suze* (*ophicalce* de Saussure); exploitée en grand à Bussolino, près de Suze (Piémont); larges plaques, polies.

Marbre rouge, dans lequel on distingue des vestiges de corps organisés; grande plaque, polie, de 1 mètre sur 70 centimètres.

M. **130**. ARMOIRE ET VITRINE.

ARGENT SULFO-ANTIMONIÉ (suite); ARGENT ARSÉNIO-SULFURÉ; ARGENT CHLORURÉ; etc.

L'*argent arsénio-sulfuré* a beaucoup de ressemblance avec l'argent antimonié-sulfuré; la seule différence est dans la couleur, qui, au lieu de rester à la teinte de rouge sombre, passe au rouge cochenille plus ou moins vif. Les deux espèces ont reçu le nom d'*argent rouge*. Du reste, leurs variétés sont les mêmes.

Quant à l'*argent chloruré*, ses caractères extérieurs sont tellement tranchés qu'il n'est pas possible de confondre cette espèce avec aucune autre : cristaux rares; masses amorphes ternes et grisâtres, avec éclat corné à la surface, éclat brillant, vitreux, dans la cassure ou dans la section fraîche; masses faciles à couper au couteau, faciles même à rayer à l'ongle, à la manière de la cire; ces derniers caractères, joints à l'éclat, ont fait donner à cette espèce le nom d'*argent corné*.

0.194. *Argent arsénio-sulfuré,* d'un rouge cochenille, cristallisé, sur calcaire spathique.

33.373. *Argent chloruré,* verdâtre, en partie laminaire et en partie compacte; du Pérou.

7

Vitrine.

Série de cristaux isolés d'argent arsénio-sulfuré.

54.224. *Argent chloruré*, vitreux, d'un blanc gris, passant au violet, par altération.

M. 131. Armoire et Vitrine.

GENRE OR ; ESPÈCE UNIQUE : OR NATIF.

L'*or* ne se trouve, dans la nature, qu'à l'état de métal simple, en petites masses, en grains, en lamelles, en dendrites, ou même en cristaux. Les cristaux sont très-rares et ont un grand prix minéralogique. L'or est facile à reconnaître, même lorsqu'il est mêlé à diverses autres substances, par sa couleur caractéristique ; n'étant pas oxydable, dans les circonstances ordinaires, il ne s'altère pas à l'air, et les surfaces conservent toujours leur éclat et leur couleur.

La collection possède une riche suite d'échantillons d'or natif, des différents gisements aujourd'hui connus : monts Ourals, Brésil, Pérou, Californie, Australie, etc.

2.3, 2.10, 2.13. *Or natif, lamellaire,* avec silex corné, sur un grès argilo-micacé, schistoïde ; de Worospatack (Transylvanie).

2.4. *Or natif, cristallisé,* sur quartz ; petits cristaux, groupés sous forme de mousse et très-brillants ; de Transylvanie.

M. 132. Armoire.

OR NATIF (suite). GENRES PLATINE, PALLADIUM, IRIDIUM ET OSMIUM.

Modèle en plâtre d'une *pépite d'or* (du poids de 35^k), trouvée, en 1842, à Miask, dans les monts Ourals ; la pépite en nature, la plus grosse que l'on connaisse, existe au Musée de Saint-Pétersbourg.

37.38. Modèle en plâtre d'une *pépite d'or* (pesant $10^k,8$) ; des environs de Zlatoust, gouvernement d'Orenbourg (Oural).

49.370. *Or natif;* pépite du poids de 124^g,40 ; de la rivière de la Plume (Californie).

6.112. *Or natif;* pépite pesant 507^g,58 ; du Pérou.

25.342. *Or natif,* en rognons ; des sables aurifères de Njni-Taguilsk, Ekaterinebourg (Oural).

37.39. *Platine natif;* modèle en plâtre d'un nodule pesant 8^k,02 ; des environs de Taguilsk (Oural).

VITRINE.

Or natif, en sable ; plusieurs échantillons, de localités diverses.

Or natif, en cristaux ; les trois numéros suivants :

33.215. Cristal à 48 facettes ; du Brésil.

37.36. Cristal octaèdre ; des environs d'Ekaterinebourg (Oural).

0.83. Cristal cubo-octaèdre ; de Mattogrosso (Brésil).

37.40. Modèle en plâtre d'un nodule de platine natif (pesant 4^k,05) ; des environs de Taguilsk (Oural).

Platine natif, et autres espèces des genres ci-dessus indiqués, à l'état de sable ; de localités diverses.

ARMOIRE DE LA COLONNE, ENTRE M. **132** et M. **133**.

Dendrites, nombreuses et très-distinctes, sur calcaire schistoïde ; large plaque.

Marbres divers, en plaques polies ; de l'île de Pinos, près l'île de Cuba.

Albâtre antique ; larges plaques polies, provenant des anciennes carrières d'albâtre oriental de la province d'Oran (Algérie).

Pyrite de fer, en masse grenue, imprégnée de calcaire

argilifère, et *contenant des coquilles fossiles ;* du terrain de lias des environs de Metz ; très-large plaque.

M. 133. ARMOIRE.

GENRE SILICIUM : ESPÈCE QUARTZ ; SOUS-ESPÈCE QUARTZ HYALIN.

Dans le tableau de la *distribution des espèces minérales,* par M. Dufrénoy, tableau d'après lequel sont rangées, comme nous savons, les espèces minérales, dans la galerie, la classe des silicates fait suite immédiatement à celle des métaux ; le quartz est placé dans la première classe ; mais il a été exposé, dans la galerie, en tête des silicates, comme fournissant l'élément électro-négatif dominant dans les espèces de cette dernière classe, et par là imprimant, jusqu'à un certain point, son caractère à ces espèces.

Le *quartz* (combinaison d'oxygène et de silicium), espèce unique du genre silicium, est l'un des minéraux les plus répandus à la surface du globe, et l'un de ceux qui reçoivent les applications les plus utiles aux besoins de l'homme : le *grès* qui pave nos rues, la *pierre à filtre,* la *meulière,* la *pierre à fusil,* le *tripoli,* etc., ne sont autre chose que des variétés de quartz. Ce minéral est très-dur : il raye facilement le verre ; il est tout à fait infusible, même aux plus hautes températures de forges ; il est complétement insoluble dans les acides ordinaires, sulfurique, azotique et chlorhydrique ; etc.

Peu d'espèces minérales comptent des variétés aussi nombreuses et aussi importantes que le quartz. Ces variétés ont même reçu le nom de sous-espèces, à cause de leur importance ; ce sont principalement le *quartz hyalin,* le *quartz agate,* le *quartz silex,* le *quartz jaspe,* le *quartz tripoli,* le *quartz résinite.* Les sous-espèces se distinguent entre elles par des caractères tranchés que nous décrirons successivement, à mesure que les échantillons qui les représentent nous passeront sous les yeux.

La première sous-espèce, ou *quartz hyalin,* comprend tous les échantillons cristallisés ou cristallins de l'espèce ; sa cassure est toujours vitreuse ; sa transparence est parfois complète. Les cristaux se présentent généralement sous la forme de prismes à six pans, terminés par des pyramides à six faces.

La sous-espèce quartz hyalin commence avec l'armoire M. 133.

7.63. *Quartz hyalin, prismé;* du département de l'Isère.

7.48. *Quartz hyalin, prismé*, limpide; groupe volumineux de cristaux; des environs d'Allemont (Isère).

54.254. *Quartz hyalin;* gros cristal, prismatique, d'une forme très-régulière; du Saint-Gothard.

VITRINE.

Suite des quartz hyalins : cristaux détachés, formant une série très-nombreuse de toutes les variétés de formes cristallines de l'espèce. Cette série est l'une des plus belles et des plus nombreuses de la collection.

M. 134. ARMOIRE ET VITRINE.

QUARTZ HYALIN (suite); accidents divers des cristaux.

7.17. *Quartz hyalin, enfumé,* offrant un grand nombre de facettes très-curieuses; de Sibérie.

764. *Quartz hyalin,* en solide à douze faces triangulaires *(dodécaèdre),* avec chaux fluatée, cubique, violette, et galène cubo-octaèdre; échantillon à très-large surface toute couverte de cristaux; de Allenheads, Northumberland (Angleterre).

48.20. *Quartz hyalin, en prisme très-court, terminé à ses deux extrémités.*

27.165. *Quartz calcédonieux,* rhomboïdal par pseudomorphose ; de Trestia, près Kapnick (Hongrie).

M. 135. ARMOIRE ET VITRINE.

QUARTZ HYALIN (suite): variétés de structure, principalement les variétés amorphe, fibreuse, grenue.

7.1. *Quartz hyalin, prismé;* groupe de cristaux, très-volumineux.

7.57. *Quartz hyalin, limpide, taillé en sphère* remarquable par la parfaite égalité de ses diamètres; de la Chine.

24.246. *Quartz hyalin, fibreux,* d'une légère teinte d'améthyste; de Coste-Cirgue, au sud de Brioude.

48.33. *Quartz hyalin, fibreux* par mélange d'asbeste.

48.446. *Quartz chatoyant,* brunâtre; taillé en cabochon.

M. 136. ARMOIRE.

QUARTZ HYALIN (suite): variétés de couleur.

La coloration des quartz, comme du reste celle d'un grand nombre d'autres espèces minérales, est due principalement à la présence d'oxydes de manganèse, de fer, ou à celle de substances bitumineuses : le manganèse colore en *rose* ou en *violet-améthyste;* le fer, à l'état de protoxyde, colore en *vert,* à l'état de sesqui-oxyde, en *rouge,* à l'état de peroxyde hydraté, en *jaune* ou en *brun;* le bitume colore en *gris,* en *brun foncé,* en *noir,* suivant sa quantité. On trouve, dans les quartz, des exemples de ces différentes variétés de couleurs.

7.7. *Quartz hyalin, limpide, incolore* (cristal de roche); gros fragment; de Madagascar.

2.945. *Quartz hyalin, rose,* en masse amorphe; de Koliwan (Sibérie).

VITRINE.

Quartz incolores, taillés sous formes diverses.

Beaux échantillons d'*améthyste,* aux couleurs très-vives; quelques-uns, taillés et polis.

M. 137. ARMOIRE ET VITRINE.

QUARTZ HYALIN (suite): variétés de couleurs.

7.4. *Quartz hyalin, améthyste,* en pyramides implantées dans une large géode; de Gallienberg, près d'Oberstein (Palatinat).

51.226. *Quartz hyalin, améthyste,* d'une teinte foncée ; beaux cristaux, groupés, prismatiques ; du Brésil.

Échantillons divers, de *quartz hyalin ;* en particulier, plusieurs pièces taillées à facettes et polies, de *quartz hyalin enfumé,* de *fausses topazes,* etc.

Le quartz hyalin est dit *enfumé,* lorsqu'il est coloré en brun noirâtre ou en noir, par le bitume.
Le quartz *topaze* est coloré en jaune, par l'hydrate de fer.

M. 138. ARMOIRE ET VITRINE.

QUARTZ HYALIN (suite): variétés de coloration.

7.3. *Quartz hyalin, enfumé ;* groupe de gros cristaux, très-limpides.

7.73. *Quartz hyalin, jaune, irisé* superficiellement.

52.25. *Quartz hyalin,* cristallisé, coloré légèrement en *bleu* par du cuivre silicaté.

15.128. *Quartz hyalin,* en cristaux *bleuâtres ;* de Transylvanie.

7.31. *Quartz hyalin, irisé* intérieurement ; plaque polie.

M. 139. ARMOIRE ET VITRINE.

QUARTZ HYALIN (suite): variétés de couleur ; matières engagées ; accidents divers.

44.194. *Quartz hyalin enfumé, traversé de longues aiguilles de titane rutile ;* échantillon poli.

7.72. *Quartz hyalin, pénétré de nombreuses aiguilles d'actinote ;* poli artificiellement sur l'une de ses faces ; sur cette face, est gravée, en creux, une scène de chasse, d'un travail très-ancien.

7.79. *Quartz hyalin, limpide, traversé de nombreux cristaux aciculaires de titane rutile ;* taillé sous forme ovoïdale, et poli.

M. 140. Armoire et Vitrine.

Quartz hyalin (suite); matières engagées; états divers.

7.198 et 54.227. *Quartz hyalin, en cristaux implantés dans un calcaire saccharoïde;* de Carrare (Toscane).

Les deux échantillons qui précèdent sont curieux par leur gisement.

M. 141. Armoire.

Sous-espèce Quartz Agate.

Cette sous-espèce diffère de la précédente, quartz hyalin, par les caractères suivants : elle n'est jamais cristallisée ou cristalline; elle n'est que translucide au travers de sa masse, au lieu d'être transparente comme le sont les quartz hyalins; sa cassure est analogue à celle de la cire, et présente un éclat mat; ses couleurs sont plus ou moins vives et sont dues à la présence d'oxydes métalliques; elle reçoit un poli brillant, etc.

Les agates sont fort recherchées comme pierres d'ornementation, et même, jusqu'à un certain point, comme pierres de parure. On en distingue plusieurs variétés, d'après la nature et la disposition des couleurs : *calcédoine,* d'un blanc légèrement bleuâtre, laiteux; *cornaline,* rouge; *sardoine,* jaune-brun; *prase* ou *chrysoprase,* vert-pré; *plasma,* vert-poireau; etc.; agate *zonée, rubannée (onyx) :* les couleurs sont disposées par bandes ou zones, droites ou courbes; on sait que les agates de ce genre sont employées à la fabrication des camées (voir page 69); elles ont reçu plus particulièrement le nom d'*onyx.* Agate *œillée :* les zones sont circulaires. Agate *héliotrope :* de petits points d'un rouge de sang sont disséminés sur un fond vert-foncé; cette agate est plus ordinairement désignée sous le nom de *jaspe sanguin.* Agate *dendritique :* les matières colorantes sont distribuées, à l'intérieur, sous forme de végétaux, soit sous la forme particulière de ramifications de dicotylédones (agates *arborisées),* soit sous la forme de plantes herbacées, de mousses, etc. (agates *herborisées, mousseuses,* etc.). Enfin, agate *variée,* etc.

L'armoire M. 141 contient de très-beaux échantillons de ces différentes variétés d'agates.

7.88. *Agate sardoine;* grosse masse, concrétionnée.

7.118. *Agate prase,* d'un vert clair, assez vif; de Gumberg, près Kosemutz, Silésie.

24.204. *Agate sardoine,* taillée en coupe de 0^m,095 de large, sur 0^m,055 de haut.

24.195. *Agate calcédoine,* taillée en coupe de 0^m,165 et 0^m,05 de large, sur 0^m,10 de haut.

24.210. *Agate* dite *orientale,* taillée en coupe de 0^m,095 de large, sur 0^m,05 de haut.

7.149. *Agate prase,* concrétionnée, d'un vert bleuâtre, pâle.

Vitrine.

53.573. *Agate sardoine,* d'un brun foncé, à zones concentriques, présentant une gouttière de laquelle les zones divergent ; de l'Uruguay (Amérique méridionale).

24.202. *Agate héliotrope,* taillée en coupe polie de 0^m,11 de large, sur 0^m,03 de haut.

7.126. *Agate héliotrope,* tachée de rouge, en plaque polie.

48.149. *Agate plasma,* antique ; du tombeau de Cecilia Metella, à Rome.

Armoire de la colonne, entre M. 141 et M. 142.

Deux *plans en relief :* l'un, *du mont Etna,* exécuté par M. Élie de Beaumont, en 1835 ; l'autre, *du Vésuve,* exécuté par M. Dufrénoy, en 1838.

Calcaire marneux; large plaque, toute recouverte d'empreintes de végétaux ; du calcaire grossier des environs de Paris.

Travertin, avec fragment de côtes de rhinocéros ; gros bloc, de Gannat (Allier).

7.

M. 142. Armoire.

Quartz agate (suite).

7.99. *Agate calcédoine,* en concrétions déliées, dans la cavité d'un nodule.

7.150. *Agate zonée (onyx),* polie.

7.200. *Agate variée,* taillée en coupe de 0^m,125 de large, sur 0^m,045 de haut.

Vitrine.

54.150. *Agate onyx;* belle variété, en rognons orbiculaires, à zones distinctes, séparés entre eux par du quartz hyalin.

50.157. *Bois agatisé,* appartenant à la classe des dicotylédonés; plaque sciée et polie. On distingue, au microscope, tous les plus petits détails de l'organisation intérieure du végétal.

26.80. *Agate arborisée,* arborisations rouges; d'Oberstein.

M. 143. Armoire.

Quartz agate (fin); sous-espèce Jaspe.

Le *jaspe,* comme l'agate, n'offre jamais ni la forme ni la structure cristallines; il se distingue assez facilement de cette dernière sous-espèce, en ce qu'il est toujours opaque, coloré moins vivement, à cassure irrégulière, recevant moins bien le poli, et plus impur dans sa composition. Les jaspes varient de couleur : ils sont verts, bruns, jaunes, rouges, etc., colorés ainsi par les oxydes de fer. Ils varient aussi quant à la disposition des couleurs : *jaspe uniforme, jaspe rubanné, jaspe bréchiforme (caillou de Rennes), jaspe varié,* etc. Certain jaspe noir, mélangé de bitume, a été désigné sous le nom de *phtanite;* c'est la *lydienne,* ou *pierre de touche,* dont se servent les essayeurs pour reconnaître approximativement la teneur, en or, des objets précieux. Mais les jaspes sont employés principalement comme pierres d'ornementation.

43.137. *Agate calcédoine,* sous forme de gouttes.

avec bitume, sur roche volcanique ; gros échantillon, de Pont-du-Château (Auvergne).

7.176. *Agate variée,* taillée en coupe, sous forme de coquille ; de 0ᵐ,22 sur 0ᵐ,18 (largeur du bassin).

7.174. *Agate, jaspée de rouge,* taillée en coupe de 0ᵐ,175 de large, sur 0ᵐ,14 de haut.

7.215. *Jaspe rouge, varié,* taillé en coupe ovale, de 0ᵐ,15 et 0ᵐ,053 de large, sur 0ᵐ,1 de haut.

43.1. *Jaspe rouge,* en zone ondoyante, dans une portion de nodule ovoïdal de quartz hyalin.

VITRINE.

52.666. *Agate ;* rognon scié et poli, dans lequel on aperçoit très-distinctement un canal qui se ramifie aux zones successives ; d'Oberstein.

Cet échantillon présente beaucoup d'intérêt, sous le rapport du mode de formation des nodules d'agate : il fait voir clairement que la silice est arrivée ici à l'état de dissolution, et qu'elle a incrusté, par nappes successives, les parois d'une cavité préexistante, jusqu'à remplissage complet de cette cavité.

7.206. *Agate, mêlée de jaspe et de quartz améthyste ;* taillée en coupe de 0ᵐ,14 de large, sur 0ᵐ,05 de haut.

24.203. *Agate jaspée,* taillée en coupe de 0ᵐ,115 et 0ᵐ,1 de large, sur 0ᵐ,04 de haut.

M. 144. ARMOIRE.

SOUS-ESPÈCES QUARTZ SILEX ET QUARTZ TRIPOLI.

Les *silex* diffèrent des deux sous-espèces précédentes de quartz, en ce qu'ils ne reçoivent pas le poli et ne présentent pas de couleurs aussi variées ni aussi vives. On en distingue plusieurs variétés : pyromaque, meulière, silex corné, etc. Le silex *pyromaque* ou *pierre à fusil,* a la texture pleine et homogène ; la lumière passe légèrement au travers de ses bords ; sa cassure est un peu conchoïdale ; c'est la pierre qui a été jadis si employée dans les fusils à percussion. Le silex *meulière* a le tissu plus grossier ; des vides nombreux existent à l'intérieur ; sa cassure est sans éclat : il y en a deux variétés :

cariée ou *caverneuse*, et *compacte*. La première de ces variétés est employée comme pierre à moudre le grain, etc. ; la plus estimée, pour cet objet, est celle qui présente des vides ni trop grands ni trop petits ; lorsque les vides sont trop grands, les grains s'engagent dans les cavités et échappent ainsi à l'action de la meule ; lorsque les vides sont trop petits, les meules débitent trop peu. Les meulières sont aussi très-recherchées pour les constructions solides ; on sait que les fortifications de Paris, qui passent pour un vrai monument de solidité, sont construites en meulière. Enfin le *silex corné* présente la cassure, la ténacité et l'aspect de la corne.

43.19. *Silex corné*, grisâtre ; nodule irrégulier, du calcaire d'eau douce de Saint-Ouen.

53.401. *Silex zonaire*, du calcaire oolitique des carrières de Vauligny, près Tonnerre (Yonne).

VITRINE.

32.57. *Silex pyromaque*, ayant un oursin siliceux pour noyau ; des environs de Mantes (Seine-et-Oise).

41.37. *Silex pyromaque*, noirâtre, en nodules irréguliers, caverneux, dont les cavités sont tapissées de calcédoine membranoïde ; des meulières supérieures au gypse, près de Saint-Gervais, environs de Paris.

41.38. *Silex calcédonieux*, membranoïde, tapissant les cavités d'un silex pyromaque qui paraît comme corrodé ; des meulières de la localité précédente.

31.13. *Silice pulvérulente*, soluble, contenant de nombreux infusoires ; de Cessat, près Pontgibaut (Puy-de-Dôme).

48.154. *Silice terreuse (tripoli)*, schistoïde ; de Billing (Bohême).

La sous-espèce de quartz, connue sous le nom de *tripoli*, est de la silice terreuse ou pulvérulente ; elle tache plus ou moins les doigts, est rude au toucher, happe fortement à la langue (c'est-à-dire attire vivement la langue dont elle absorbe la salive), dégage, lorsqu'on l'humecte, une odeur d'argile, etc. Certains échantillons de tripoli, observés au microscope, se montrent tout composés de débris de carapaces de très-petits animaux auxquels on a donné le nom d'*infusoires;* un célèbre observateur de Berlin, **M.** Ehrenberg, a compté plusieurs millions de ces petits animaux, dans un pouce cube de la matière terreuse; des couches entières de tripoli, d'une assez grande épaisseur et développées sur une grande étendue, en sont entièrement composées; ce fait nous montre le rôle important qu'a dû jouer l'organisme microscopique, dans la formation d'une certaine portion de l'écorce solide du globe. Tous les tripolis, cependant, ne sont pas formés de la même manière; il en est qui ne contiennent aucuns débris organiques; ils paraissent, dans ce dernier cas, avoir été formés, par l'action de roches ignées sur certaines roches aqueuses, préexistantes. On sait que le tripoli est employé spécialement pour polir les métaux, en particulier le cuivre.

ARMOIRE DE LA COLONNE, FAISANT SUITE A M. **144.**

Relief géologique du royaume de Wurtemberg; par C. Rath, à Tubingue.

Relief de la vallée de Barschwyl, canton de Soleure; par **M.** Gressly; exécuté en 1838.

Cuivre natif; masse énorme, de $0^m,70$ sur $0^m,60$, pesant 50 kilog., et provenant de l'exploitation dite *Eagle Harbour,* lac Supérieur (États-Unis d'Amérique).

———

Nous arrivons ici, une seconde fois, au centre de la galerie, dans l'espace compris entre les deux grandes croisées du sud et du nord, à l'endroit où s'interrompent les galeries hautes, ainsi que la série des armoires de la minéralogie.

Nous observons les principaux objets suivants :

Dans le coin gauche : armoire contenant divers appareils, outils, instruments, qui servent pour faire reconnaître certains caractères des minéraux, savoir : *chalumeau,* pour les essais pyrognostiques; *goniomètres,* pour mesurer les angles des cristaux; *balances,* pour prendre les pesanteurs spécifiques; *barreau aimanté,* pour éprouver la propriété magnétique des minéraux ; *électroscopes*, pour essayer leurs propriétés électriques ; etc., etc.

Contre la croisée : grande *coupe théorique d'une portion de la croûte terrestre ;* par Thomas Webster.

Au coin de droite : armoire contenant les *instruments* et objets divers qui servent spécialement *pour essayer les caractères optiques des minéraux.*

Au-dessus de cette armoire : plaque polie de *calcaire stalactitiforme,* brunâtre, à grandes zones (vulgairement *albâtre*); de Montrejean (Hautes-Pyrénées).

Devant la croisée : table en *albâtre calcaire*, zoné de blanc et de roussâtre *(albâtre oriental) ;* de la montagne Ourakan, à l'est de Benisouf (haute Égypte). Cette table n'a pas moins de 1^m,10 de large sur 1^m,15 de long.

Enfin, vers le milieu de l'espace : statue de Cuvier, par David d'Angers, exécutée en 1838. L'illustre savant est représenté dans l'attitude du professeur, paraissant développer devant son auditoire, comme il le faisait, en réalité, avec tant de génie et d'éloquence, les révolutions qui ont agité successivement le globe.

Le socle de la statue porte l'inscription suivante :

LEÇONS D'ANATOMIE COMPARÉE.
MÉMOIRES POUR SERVIR A L'HISTOIRE ET A L'ANATOMIE DES MOLLUSQUES.
LE RÈGNE ANIMAL DISTRIBUÉ D'APRÈS SON ORGANISATION.
DISCOURS SUR LES RÉVOLUTIONS DU GLOBE.
RECHERCHES SUR LES OSSEMENTS FOSSILES.
RAPPORT SUR L'ÉTAT DE L'INSTRUCTION PUBLIQUE EN HOLLANDE,
EN ALLEMAGNE, EN ITALIE.
RAPPORT SUR LES PRIX DÉCENNAUX.
RAPPORT SUR LES PROGRÈS DES SCIENCES NATURELLES.
HISTOIRE NATURELLE DES POISSONS.
ÉLOGES HISTORIQUES.

Armoire de la colonne, avant l'armoire M. 145.

Relief physique du royaume de Wurtemberg ; par Ch. Eath, à Thubingue.

Granite, enveloppant un fragment de gneiss noirâtre, grenatifère ; plaque carrée et polie, des carrières de Saint-Pierre, environs de Cherbourg (Manche).

Roche polie d'un côté, montrant à son intérieur des *feuillets contournés, plissés,* formés, les uns, de calcaire, et les autres, de talcschiste calcarifère ; du département de l'Hérault.

M. 145. Armoire.

Quartz Silex (suite) ; quartz Nectique ; sous-espèce quartz Résinite ; Geysérite.

Le *quartz nectique* est considéré, par les minéralogistes, comme une variété de silice terreuse ; il a, en effet, tous les caractères de cette sorte de silice, moins la friabilité. Ce quartz singulier est assez léger pour surnager sur l'eau : de là son nom ; sa légèreté, qui est très-caractéristique, vient de sa porosité : sous un volume déterminé, le minéral comprend relativement une faible portion de matière siliceuse et peut ainsi surnager. Le quartz nectique est propre à plusieurs localités des environs de Paris.

La sous-espèce *quartz résinite* diffère des autres sous-espèces de quartz, par la quantité d'eau qu'elle contient et qu'il est facile de constater au moyen de certaines expériences chimiques. Son éclat est résineux, de là son nom ; on lui donne aussi le nom d'*opale ;* sa cassure est conchoïdale ; elle est généralement translucide, quelquefois transparente. On distingue plusieurs variétés, dont voici les principales : *résinite commun* ou *opale commune :* la couleur est uniforme et la masse est seulement translucide ; *opale noble :* elle présente à l'intérieur des reflets changeants, très-vifs, bleus, rouges, jaunes, etc., ou bien sa teinte est uniforme, mais très-vive, et sa masse est fortement translucide. La première variété est connue sous le nom d'*opale arlequin ;* l'autre n'a pas de nom particulier. Une troisième variété d'opale noble présente des reflets vifs et changeants, d'un jaune doré ; on la désigne sous le nom de *girasol.* Ces différentes opales, surtout l'opale arlequin, sont fort recherchées comme pierres précieuses.

La *geysérite* est encore de la silice hydratée que l'on peut ainsi rapprocher du quartz résinite. Elle se trouve en dissolution dans les eaux thermales des *geysers* d'Islande, et elle se dépose sur le sol environnant, sous forme de masses concrétionnées ou celluleuses, légères, que nous voyons représentées ici.

7.144. *Quartz nectique;* gros nodule, irrégulier; de Saint-Ouen (nord de Paris).

44.243, 46.170, 37.161, etc. *Silice concrétionnée*, à divers états; du grand geyser d'Islande.

Le reste de l'armoire est occupé par des résinites de différentes couleurs et de localités diverses.

M. 146. ARMOIRE.

QUARTZ RÉSINITE (suite); MÉNILITE; HYALITE.

Le quartz *ménilite* est une variété de résinite, contenant un peu moins d'eau que le résinite proprement dit; il se trouve sous forme de nodules irréguliers, dans plusieurs localités, aux environs de Paris, en particulier à Ménilmontant; de là le nom de *ménilite*.

L'*hyalite* est aussi une variété d'opale, sous forme de concrétions guttulaires, remarquables par leur transparence et surtout par un éclat gélatineux tout particulier, qui les ferait prendre pour de véritables congélations pierreuses.

7.154, 35.193, etc. *Ménilite;* des environs de Paris, en particulier de Ménilmontant (nord de Paris).

40.87. *Résinite laiteux,* de Hongrie; l'éclat résineux est très-prononcé dans cet échantillon.

24.16. *Résinite, d'une belle couleur rose;* de Mehun-sur-Yèvre (Cher).

44.72. *Hyalite,* sur un basalte; de Walsch (Bohême); cet échantillon est remarquable par sa limpidité et son aspect gélatineux.

44.60. *Opale noble,* dit *opale de feu;* de Zimapan (Mexique).

VITRINE.

33.362. *Opale de feu;* échantillon plus limpide que e précédent; de Zimapan (Mexique).

42.24. *Opale*, très-peu colorée, presque transparente; du Mexique.

31.79. *Hyalite* vitreuse, concrétionnée; de Bohême.

40.88, 2.832, 7.165, etc. *Opale arlequin;* de Hongrie.

49.257. *Opale girasol*, du Mexique; taillée en pierre à fusil.

50.96. *Silice, en masse hyaline, ressemblant à l'opale;* obtenue artificiellement par l'évaporation de l'éther silicique, par M. Ebelmen.

Quelques beaux échantillons de *ménilite*.

M. 147. ARMOIRE.

SOUS-ESPÈCE JASPE.

Nous avons déjà expliqué les jaspes, page 118, à la suite des agates : en effet, certains jaspes forment passage, par leur demi-translucidité, aux agates ; mais la plupart ne présentent pas ce caractère, et leur place convient mieux ici.

7.223. *Jaspe brun*, poli.

7.204. *Jaspe rouge*, taillé en coupe de $0^m,19$ de large, sur $0^m,07$ de haut.

43.11. *Jaspe zoné, verdâtre et jaunâtre;* plaque ovalaire, polie.

VITRINE.

7,214. *Jaspe jaune*, taillé en coupe de $0^m,13$ de large, sur $6^m,06$ de haut.

7.213. *Jaspe versicolore*, taillé en coupe de $0^m,12$ de large, sur $0^m,055$ de haut.

7.208. *Jaspe bréchiforme (caillou de Rennes);* plaque polie.

25.114. *Jaspe rubanné, vert et rouge;* de Sibérie.

33.139. *Jaspe phtanite (lydienne);* du lit du Kout (Géorgie).

7.217. *Jaspe égyptien,* poli; des environs du Caire (Égypte).

ARMOIRE DE LA COLONNE, ENTRE M. 147 ET M. 148.

Deux grandes tables en mosaïque composée de différentes pierres.

M. 148. ARMOIRE.

QUARTZ (suite) : VARIÉTÉ GRÈS.

Le *grès* se compose de grains arrondis, de différentes sortes de quartz, provenant de débris qui ont été jadis arrachés par les eaux à des masses quartzeuses préexistantes; les grains ont été transportés à de certaines distances, puis accumulés et cimentés en masse solide. Le grès est employé à Paris, comme l'on sait, pour paver les rues; le grès sert aussi pour filtrer : comme il est poreux, l'eau passe au travers de sa masse, mais les matières grossières, suspendues dans le liquide, sont retenues.

7.138. *Grès lustré;* de Daumont, au nord de Montmorency, près Paris; les grains sont réunis par un ciment siliceux, abondant.

7.145. *Grès commun, à remoudre;* de Marcelly, près Langres.

27.138 b. *Grès filtrant,* à gros grains; des environs de Saint-Sébastien, en Guipuscoa (Espagne).

36.285. *Grès,* en nodules concrétionnés, mamelonnés; des environs de Paris.

7.143. *Grès,* concrétionné en sphéroïdes; de Fontainebleau.

VITRINE.

Grès divers, parmi lesquels :

40.44. *Grès* à gros grains, dit *hyalomicte,* flexible; d'Itacolumi de Mariana (Brésil).

35.1438. *Grès flexible;* du Brésil.

Nous avons déjà parlé de ces sortes de grès, page 39, etc.

M. 149. ARMOIRE.

CINQUIÈME CLASSE.

Silicates.

Les minéraux qui composent cette classe ont l'aspect *pierreux,* caractère qui les a fait désigner par les anciens minéralogistes sous le nom de *pierres.* Ils sont presque constamment cristallisés; ce sont eux qui fournissent la plupart des pierres employées dans la parure et désignées sous le nom de *pierres fines, gemmes, pierres précieuses,* etc.

ESPÈCE DISTHÈNE; etc.

Le *disthène (cyanite)* mérite seul, parmi les espèces contenues dans l'armoire M. 149, de fixer quelque peu notre attention. La belle couleur bleue qu'il présente, et sa forme en baguettes, en aiguilles, sont assez caractéristiques.

41.104, 41.103. *Disthène bleu;* de Pontivy (Morbihan).

24.249. *Disthène bleu, laminaire;* de Chesterfield (État-Unis).

35.28. *Disthène bacillaire,* dans un quartz; de Chesterfield (États-Unis); il est semblable à celui du Saint-Gothard, et pareillement associé à la staurotide.

VITRINE.

Disthène; cristaux et fragments de cristaux, avec facettes; du Saint-Gothard.

9.62. *Disthène d'un très-beau vert clair,* dans un quartz.

M. 150. ARMOIRE.

ESPÈCE STAUROTIDE; etc.

La *staurotide* est souvent sous forme de cristaux croisés, ce qui lui a valu le nom qu'elle porte, ou aussi les noms de *croisette, pierre de croix*, etc., qui sont synonymes.

VITRINE.

Staurotide; série de cristaux isolés, appartenant à cette espèce; quelques-uns des cristaux sont simples, d'autres sont maclés en croix perpendiculaires ou obliques; la plupart proviennent de Bretagne.

M. 151. ARMOIRE ET VITRINE.

KAOLIN; etc.

Nous avons déjà expliqué le kaolin, page 44.

37.136. *Kaolin* dit *caillouteux;* mélange visible de quartz en grains et de fedspath décomposé; des carrières de Marcognac, à Saint-Yriex, près Limoges.

M. 152. ARMOIRE.

ESPÈCE GRENAT.

Cette espèce est l'une des plus répandues, et en même temps l'une des plus remarquables du règne minéral, soit par la netteté et la simplicité des cristaux, soit par leurs couleurs vives et variées. Les cristaux se présentent généralement sous la forme de solides à douze faces rhomboïdales; ils sont souvent isolés les uns des autres, ce qui rend leur forme d'autant plus nette. On les rencontre fréquemment, disséminés dans les schistes cristallins qui se trouvent vers la base de l'écorce solide du globle. Quelques-unes de leurs variétés de couleur sont employées comme pierres précieuses : *grenat syrien essonite*, etc.

15.133. *Grenat, d'un brun clair,* avec quartz, pyrite, etc.; de Dognatzka.

44.156. *Grenat, de couleur nacarat,* avec talc cristallisé, diopside, etc., sur grenat massif; d'Ala en Piémont.

44.154. *Grenat, d'un brun rougeâtre,* implanté sur grenat massif; d'Ala (Piémont).

VITRINE.

35.2139. *Grenat, d'un rouge hyacinthe (essonite),* poli ; de Ceylan.

43.48. *Grenat essonite,* taillé en brillant à dentelle.

54.310. *Grenat vert, en cristaux dodécaèdres;* de Zermatt, mont Rose.

8.57. *Grenat, d'un rouge violet; très-gros cristal, à douze faces rhomboïdales;* poli.

M. 153. ARMOIRE ET VITRINE.

GRENAT (suite).

37.31. *Grenat, d'un vert émeraude (ouvarovite);* échantillon très-remarquable et précieux ; de la mine de Bisserk, gouvernement de Perm (Oural).

M. 154. ARMOIRE ET VITRINE.

ESPÈCE IDOCRASE.

Cette espèce, voisine de la précédente, pour la composition, fournit comme elle, aussi, de très-belles cristallisations.

La vitrine contient les échantillons les plus précieux d'idocrase :

D'abord, une série nombreuse de cristaux isolés, présentant à peu près l'ensemble de toutes les facettes qui peuvent naître du prisme droit à base carrée ;

Ensuite, les numéros suivants :

26.295. *Idocrase;* d'Egg, près de Christiansand (Norvége).

49.197. *Idocrase, d'un vert brunâtre, en cristaux très-brillants;* de la Somma (Vésuve).

50.249, 50.250. *Idocrase brune, en cristaux très-nets et très-brillants;* d'un nouveau gisement, à Zermatt (mont Rose).

M. **155**. ARMOIRE.

ESPÈCE ÉPIDOTE.

Cette espèce fournit encore les cristallisations les plus brillantes.

26.221. *Épidote, en cristaux nombreux, recouvrant une large surface,* avec quartz hyalin; de l'Oisans (Isère).

VITRINE.

Série de cristaux isolés d'épidote.

26.292. *Épidote, en gros cristaux;* d'Arendal (Norvége).

53.116. *Épidote, en cristaux brillants,* avec quartz; de Montayeux (Piémont).

53.117. *Épidote, en cristaux groupés,* avec cristaux de quartz et grenat en masse; de Montayeux.

M. **156**. ARMOIRE ET VITRINE.

Plusieurs espèces, peu importantes.

ARMOIRE DE LA COLONNE, ENTRE M. **156** ET M. **157**.

Marbre lumachelle; grande plaque polie.

Grès coquillier, de Beauchamp, près Paris; grande plaque, montrant de nombreux cérithes (coquilles) fossiles.

M. **157**. ARMOIRE ET VITRINE.

ESPÈCES CORDIÉRITE, NÉPHRITE, ÉMERAUDE, etc.

La *cordiérite* est de couleur bleuâtre; mais sa teinte se compose de deux nuances qui se substituent successivement l'une à l'autre, lorsqu'on fait mouvoir l'échantillon dans tel ou tel sens; de là le nom de *dichroïte,* que l'on a quelquefois donné à cette espèce.

43.170. *Cordiérite,* taillée.

42.324. *Cordiérite* (*très-dichroïte*); taillée en cabochon.

Le *néphrite*, autrement dit *jade néphrite*, est l'une des pierres les plus tenaces que l'on connaisse; il est facilement reconnaissable à ce caractère; d'un autre côté, sa texture est très-uniforme; sa couleur est le vert poireau, d'un ton assez fin. Cette pierre est très-recherchée pour la fabrication de certains objets d'ornement. Les plus belles pièces travaillées qu'elle fournit, nous viennent de l'Orient et en particulier de la Chine; de là le nom de *jade oriental*, sous lequel elle est encore connue. Nous avons déjà admiré dans l'armoire technologique n° 11, de remarquables pièces de cette substance, en particulier le n° a.48.

a.47. Jade néphrite, d'un vert foncé; taillé en coupe de 0^m,02, sur 0^m,15 environ (largeur du bassin).

a.46. Jade néphrite, d'un vert foncé; taillé en pot de 0^m,13 de haut, et autant, environ, dans la plus grande largeur.

L'*émeraude* est l'une des espèces les plus importantes du règne minéral, surtout comme pierre précieuse; on sait la valeur qu'atteignent les émeraudes. D'un autre côté, sa cristallisation est remarquable par la netteté des faces et la régularité des formes. Les couleurs varient dans cette espèce : vert d'eau, vert jaunâtre ou jaune (béryls), bleu, bleu verdâtre (*aigues-marines*); vert pur, d'une teinte caractéristique (*émeraudes* proprement dites); etc. Il y a des béryls tout à fait incolores; la collection en possède plusieurs échantillons.

La collection minéralogique du Muséum est très-riche en magnifiques émeraudes, béryls et aigues-marines, parmi lesquels quelques-uns ont une très-grande valeur. Cette collection s'est accrue principalement, dans ces dernières années, de très-beaux échantillons de Colombie, dans lesquels les cristaux se trouvent associés à la gangue, c'est-à-dire à un calcaire noir bitumineux, d'un âge géologique relativement assez moderne.

La vitrine, en particulier, contient une série de béryls, aigues-marines, émeraudes, détachés de la gangue et montés sur griffes; nous remarquons, dans cette magnifique série, principalement les échantillons suivants :

43.46. *Émeraude*, très-beau cristal, *en prisme à six faces;* de Cundina-Marca, au nord-est de Santa-Fé (ancienne Colombie).

44.23. *Émeraude prismatique*, renfermant dans son axe un cristal de quartz hyalin ; de Cundina-Marca.

53.248. *Émeraude.*

53.589. *Émeraude, en prisme modifié sur les angles et les arêtes des bases ;* de Santa-Fé-de-Bogota (Nouvelle-Grenade).

8.31. *Béryl verdâtre, en prisme hexagonal.*

42.26. *Béryl incolore.*

43.93. *Béryl incolore,* de l'île d'Elbe.

53.247. *Béryl, d'un jaune roussâtre, à faces polies.*

8.28. *Béryl transparent, vert d'eau, en prisme surmonté d'un pointement à douze faces.*

8.142. *Aigue-marine,* taillée.

M. 158. Armoire.

Émeraude (suite) ; etc.

8.59. *Émeraude lithoïde*, de 0^m,2 de diamètre transversal ; de la colline de Barat (environs de Limoges).

32.15. *Émeraude verdâtre, lithoïde ;* très-gros échantillon, de plus de 0^m,25 d'épaisseur ; des États-Unis d'Amérique.

50.307 et 50.308. *Émeraude cristallisée,* dans un calcaire noir, avec veines de calcaire blanc lamelleux et de quartz cristallisé ; de Muzo (Nouvelle-Grenade).

8.34 a. *Émeraude, en prismes* implantés sur un calcaire spathique, brun ; de Cundina-Marca, au nord de Santa-Fé.

Les trois échantillons qui précèdent sont extrêmement remarquables par leur volume, par la beauté des émeraudes, par l'association du minéral précieux à sa gangue.

VITRINE.

54.243. Ammonite engagée dans le calcaire noir qui forme la gangue des émeraudes, à Muzo (Nouvelle-Grenade).

50.95. *Émeraude, d'un vert clair,* en cristaux limpides, implantés sur de la chaux carbonatée, cristallisée; de Bogota (Nouvelle-Grenade).

25.1. *Émeraude,* dans un micaschiste; de la Haute Égypte.

Nous n'avons cité ce dernier numéro que pour faire connaître le gisement particulier des émeraudes, qui a été, pendant longtemps, le seul connu de l'ancien monde.

M. 159. ARMOIRE.

ESPÈCE FELDSPATH ORTHOSE.

Le feldspath est l'un des minéraux les plus répandus et les plus abondants à la surface du globe : avec le quartz et le mica, le feldspath forme plus des $^{17}/_{20}$ de l'écorce totale du globe ; il entre dans la composition du granit, du gneiss, etc. ; le pétrosilex est une variété de feldspath ; le kaolin est un état particulier résultant de la décomposition de ce minéral. On voit, par là, l'intérêt qu'il présente. Il comprend plusieurs espèces, dont trois, au moins, ont de l'importance comme éléments minéralogiques des roches : ce sont l'*orthose,* l'*albite* et le *labrador ;* la composition est assez semblable dans les trois espèces : ce sont des silicates d'alumine, avec alcalis ou chaux ; mais la forme cristalline, et quelques autres caractères, les distinguent. La description de ces caractères demanderait des détails minéralogiques que ne comporte pas le cadre de cet ouvrage.

26.74. *Feldspath orthose;* gros cristal, pénétré de quartz; de Sibérie.

22.135. *Feldspath orthose, nacré,* dans une roche

8

feldspathique altérée ; des environs de Kandy (Ceylan).

27.220. *Feldspath orthose, laminaire ;* de Dixons-Farmer, près Wilmington (Pensylvanie).

35.2207 *bis. Feldspath orthose,* en cristaux disséminés dans une pegmatite (roche de felspath et de quartz).

VITRINE.

Cristaux isolés de feldspath orthose : très-nombreuse et intéressante série de toutes les variétés de formes de l'espèce.

ARMOIRE DE LA COLONNE, ENTRE M. 159 ET M. 160.

Calcaire travertin, rose ; grandes plaques carrées, polies ; de Chardonelle (Cher). L'une de ces plaques a 0^m,4 ; l'autre, 0^m,27.

Phyllade calcarifère, avec bélemnites ; de Tarentaise (rapporté récemment par M. Cordier).

Marbre noir, encrinitique, tacheté de gris, dit *petit granite ;* grande plaque polie, de 0^m,80 sur 0^m,55.

M. 160. ARMOIRE.

FELDSPATH ORTHOSE (suite).

2.670. *Feldspath orthose, laminaire ;* gros échantillon ; de Nursinsk, district d'Ekaterinebourg (Sibérie).

36.54. *Feldspath orthose,* de la variété *adulaire* ou transparente, sur quartz hyalin, enfumé ; du Saint-Gothard.

VITRINE.

51.186. *Feldspath orthose,* en masse lamellaire dont les clivages sont très-nets, avec reflets pailletés, dorés.

On donne à cette sorte de felspath le nom de *pierre du soleil*.

54.252. *Feldspath orthose,* blanc, lamelleux et nacré (*pierre de lune*); taillé en cabochon, et sous forme de petites perles.

M. 161. ARMOIRE.

KAOLIN; ESPÈCES ALBITE, LABRADOR.

Nous avons déjà parlé plus d'une fois du kaolin (page 44, etc.).

Le *labrador* se reconnait habituellement aux magnifiques reflets changeants, autrement dit *opalins*, qu'il présente. Ce caractère le fait rechercher comme pierre précieuse d'ornement. Il provient principalement de la terre de Labrador (Amérique Septentrionale), d'où il nous est quelquefois rapporté, comme lest, par les navires.

46.68. *Albite,* en gros cristaux opaques, enduits de chlorite; du Tyrol.

25.121. *Albite,* en cristaux brillants, hémitropes; des Pyrénées.

30.25. *Labrador opalin,* d'un noir bleuâtre; de Finlande.

VITRINE.

Cristaux isolés d'*albite*.

43.130. *Labrador laminaire,* à stries parallèles; des côtes du Labrador (Amérique septentrionale).

9.21. *Labrador opalin.*

M. 162. ARMOIRE ET VITRINE.

ESPÈCES DE FELDSPATH (suite).

M. 163. ARMOIRE ET VITRINE.

ESPÈCES DE FELDSPATH (fin); etc.

Parmi les échantillons qui marquent la fin des feldspaths, nous remarquons, en particulier, l'*obsidienne* et la *ponce*. L'obsidienne est un verre volcanique, produit de la fusion d'un feldspath; sa couleur est ordinairement noire; la masse est homogène, la cassure est vitreuse, conchoïdale, etc. La ponce est aussi une matière feldspathique, fondue par l'action volcanique; mais sa texture est fibreuse.

37.178. *Ponce* grisâtre, en fragments qui forment des collines, au pied de la montagne Sandfell (Islande).

26.229. *Ponce vitro-bulleuse;* de Lipari.

37.171. *Obsidienne* noire, en masses erratiques; du nord-est de l'Hécla (Islande).

34.30. *Obsidienne taillée en armure de flèche;* du Mexique.

33.313. *Obsidienne capillaire,* verdâtre.

M. 164. ARMOIRE ET VITRINE.

ESPÈCE AMPHIGÈNE; etc.

L'*amphigène*, autrement appelé *grenat blanc, volcanique,* montre en effet quelques rapports avec le grenat, soit pour la forme, soit pour la manière d'être de ses cristaux dans les roches. L'amphigène est abondant dans certaines roches volcaniques des environs de Rome, etc.

M. 165. ARMOIRE ET VITRINE.

ESPÈCE APOPHYLLITE; etc.

L'*apophyllite* et les espèces contenues dans les armoires suivantes, jusqu'à 170 inclusivement, sont souvent désignées, par les minéralogistes, sous le nom général de *zéolites;* elles offrent entre elles beaucoup de ressemblance; elles fondent au chalumeau avec bouillonnement; elles donnent de l'eau par la calcination; elles sont toutes solubles avec gelée dans les acides; elles sont blanches; leur dureté est peu considérable; etc.

L'*apophyllite*, comme du reste les autres espèces contenues dans le meuble M. 165, n'offre guère d'intérêt qu'au point de vue minéralogique, principalement pour la beauté de quelques-unes de ses cristallisations.

46.83. *Apophyllite cristallisée,* rose; du Harz.

M. 166. ARMOIRE ET VITRINE.

ESPÈCE MÉSOTYPE; etc.

La *mésotype* est l'une des substances les plus répandues dans une certaine catégorie de roches formées par voie ignée, auxquelles les géologues ont donné le nom de *spilites* et de *trapps*. Elle est habituellement sous forme d'aiguilles très-déliées, accolées ou libres, blanches ou incolores, remplissant les cavités des roches du genre que nous venons de désigner.

13.46. *Mésotype pyramidée*, dans les cavités d'une lave; très-gros échantillon, du puy de Marmant (Puy-de-Dôme).

13.32. *Mésotype aciculaire*, sur un spilite; de Féroë.

24.14. *Mésotype pyramidée*; d'Auvergne.

36.326. *Mésotype, en aiguilles capillaires,* dans la cavité d'une roche volcanique; de Parentignac, près d'Issoire (Auvergne).

M. 167. ARMOIRE ET VITRINE.
ESPÈCES STILBITE, HEULANDITE.

Ces deux espèces n'ont d'intérêt qu'au point de vue minéralogique; elles continuent la série de substances dites *zéolitiques*, qui avait commencé avec l'apophyllite; l'une et l'autre de ces espèces sont généralement sous forme cristalline; les cristaux de stilbite présentent un éclat nacré; ils sont ordinairement de couleur blanche; ceux d'heulandite sont d'un rouge de brique assez vif, caractère qui les distingue essentiellement.

13.3. *Stilbite* cristallisée, sur calcaire spathique; très-large plaque toute couverte de cristaux; d'Andreasberg, au Harz.

44.236. *Stilbite,* implantée sur calcaire spathique, rhomboïdal; de Rhodefiord, Islande.

44.238. *Stilbite* cristallisée, en groupes mamelonnés, tapissant les cavités d'une roche volcanique; de Waagoë (Féroë).

M. 168. ARMOIRE ET VITRINE.
HEULANDITE (fin); diverses autres espèces, d'importance secondaire.

20.471. *Heulandite* rouge, cristallisée, avec calcaire

8.

laminaire, sur spilite commun ; du Port-Patrick, près Dumbarton (Écosse).

ARMOIRE DE LA COLONNE, ENTRE M. **168** ET M. **169**.

Marbres divers ; plaques carrées et polies.

Marbre gris, presque entièrement composé de gros fragments d'encrines dont on distingue parfaitement la structure intérieure ; grande plaque polie, de $0^m,90$ sur $0^m,45$.

M. **169**. ARMOIRE ET VITRINE.

ESPÈCES PREHNITE, CHABASIE, etc. (suite des Zéolites).

36.8. *Chabasie ;* de Leimeritz (Bohême).

50.303. *Prehnite*, en masse concrétionnée, verdâtre, adhérente à une roche porphyrique ; du cap Strontian (Écosse).

M. **170**. ARMOIRE ET VITRINE.

ESPÈCES HARMOTOME, ANALCIME, etc. (suite des Zéolites).

L'*harmotôme* est remarquable par le groupement habituel de ses cristaux, sous forme de croix *(harmotôme cruciforme)*.

L'*analcime* fournit de très-beaux cristaux, d'un volume parfois assez considérable, limpides et incolores, ou diversement colorés de blanc laiteux, de blanc rosé, etc.

37.72, 39.212. *Analcime* limpide, sur roche volcanique ; de l'île des Cyclopes.

22.11. *Harmotôme,* en cristaux sur calcaire spathique ; d'Écosse.

13.42. *Harmotôme cruciforme*, sur calcaire spathique ; de la mine de Samson, près d'Andréasberg, au Harz.

M. **171**. ARMOIRE ET VITRINE.

ESPÈCE AGALMATOLITE ; etc.

L'*agalmatolite*, qui est souvent aussi désignée sous le nom de *pierre* de *lard*, de *pagodite*, est tendre et facile à sculpter ; elle nous arrive abondamment de la Chine, sous forme d'objets travaillés, principalement de mandarins, de pagodes, etc.

Agalmatolite, en parallélipipèdes qui paraissent avoir servi *à savonner ;* de la Chine.

ARMOIRE DE LA COLONNE , ENTRE M. 171 ET M. 172.

Marbre lumachelle, d'Astrakan ; plaque polie, octogonale ($0^m,40$ sur $0^m,55$). Cette sorte de marbre est un conglomérat coquillier, à ciment ferrugineux.

Marbre calcaire, contenant, avec quelques débris de polypiers, une coquille très-longue, appartenant au genre Orthoceras ; de Suède ? Très-grande plaque polie ($1^m,20$ sur $0^m,55$).

M. 172. ARMOIRE ET VITRINE.

ESPÈCE TALC ; etc.

Le *talc* est au nombre des espèces minérales les plus importantes : il forme des roches puissantes, soit par lui seul, soit par association avec d'autres substances minérales. C'est le moins dur des minéraux : il se laisse facilement rayer par l'ongle. On le rencontre habituellement sous forme de paillettes à éclat nacré, de couleur blanche ou verte, faciles à subdiviser en lamelles de plus en plus minces. Ces caractères, il est vrai, appartiennent aussi à un autre minéral, le mica, que nous avons déjà décrit ; mais d'autres caractères distinguent les deux espèces : les lames de talc sont flexibles, non élastiques, tandis que celles de mica sont également flexibles, mais élastiques. De plus, le talc est savonneux au toucher, caractère qui manque au mica.

On distingue deux variétés de talc : cristallisée ou cristalline, compacte. Cette dernière variété est plus spécialement désignée sous le nom de *stéatite* ; c'est la substance qui, pulvérisée, est employée comme *poudre à gants*, *poudre à bottes*, etc.

24.257. *Talc laminaire*, verdâtre ; gros échantillon, des États-Unis.

2.637. *Talc laminaire*, verdâtre ; du Zillerthal (Tyrol).

M. 173. Armoire.

SERPENTINE ; ESPÈCE PÉRIDOT ; etc.

La *serpentine* est considérée diversement par les minéralogistes ; dans la plupart des cas, elle paraît être du talc à l'état compacte, plus dur que la stéatite, plus chargé de fer, etc. ; son nom lui vient de l'espèce de variation de couleur qu'elle présente quelquefois dans sa masse, et qui lui donne de la ressemblance avec l'épiderme bigarré d'un serpent.

Le *péridot* est ordinairement de couleur olive *(olivine)* ; son éclat est vitreux ; il est fréquemment sous forme grenue ; les cristaux en sont rares. On le rencontre principalement dans certaines roches volcaniques auxquelles on donne le nom de *basaltes* ; sa présence caractérise assez bien ces sortes de roches.

44.30. *Péridot* granulaire, verdâtre ; portion d'un gros nodule ; du terrain volcanique de Saint-Eble (Haute-Loire).

39.9. *Péridot olivine,* granulaire, dans un gros nodule ovoïdal de lave, dit *bombe volcanique ;* de la montagne de Cousé (Auvergne).

VITRINE.

9.41. *Serpentine noble,* jaunâtre ; taillée en tasse.

Cristaux de *péridot,* séparés de leur gangue ; quelques-uns de ces cristaux sont très-beaux, extrêmement rares et de localités inconnues.

28.60, 28.61, 35.2148. *Péridots,* taillés en cabochon et polis.

Péridots, à divers degrés d'altération.

M. 174. Armoire.

ESPÈCE ZIRCON ; etc.

Le *zircon* est rangé au nombre des pierres précieuses, de valeur moyenne. On en distingue plusieurs variétés de couleur : rouge-hyacinthe, gris-clair, brun-jaunâtre, incolore, etc. ; c'est principalement la variété rouge-hyacinthe qui est employée comme gemme. Le zircon est presque toujours cristallisé ; les cristaux, quoique petits, sont souvent très-nets ; on rencontre assez abondamment la variété hyacinthe, à l'état de sable, mélangée de diverses autres substances, dans le lit d'un ruisseau, à Expailly (Haute-Loire). La même variété se trouve aussi dans un basalte, aux environs de cette localité.

38.45. *Zircon hyacinthe,* dans un basalte; du Puy en Velay.

54.279. *Zircon blanc, hyalin;* de Pfitsch (Tyrol).

VITRINE.

Zircon; cristaux détachés.

29.101. *Zircon,* taillé.

M. 175. ARMOIRE.

ESPÈCE AMPHIBOLE.

L'*amphibole* est encore l'une des espèces les plus importantes du règne minéral. Elle forme, à elle seule, des roches assez puissantes; de plus, associée à d'autres minéraux, en particulier au feldspath, au quartz, elle constitue des masses considérables : le beau granite rose (syénite), d'Egypte, se compose d'amphibole, de feldspath et de quartz.

On distingue trois sous-espèces d'amphibole, sous les noms de *hornblende, actinote* et *grammatite;* la sous-espèce hornblende est d'un vert foncé; elle est fortement ferrugineuse; elle fournit les principaux cristaux de l'espèce; on la rencontre aussi à l'état laminaire, lamellaire et compacte; c'est la hornblende, presque exclusivement, qui constitue les roches dites *amphiboliques.* L'*actinote* est de couleur vert-clair; elle contient moins de fer que la sous-espèce précédente; ses cristaux sont extrêmement rares; elle est presque toujours sous forme bacillaire ou aciculaire (de baguettes ou d'aiguilles); elle est fréquemment associée au talc. Enfin, la *grammatite* est de couleur blanche et ne contient pas du tout de fer; elle est également sous forme aciculaire; les cristaux terminés en sont extrêmement rares; elle est souvent associée à la dolomie.

L'amphibole, en particulier les deux dernières sous-espèces, montre quelquefois une grande tendance à la décomposition, sous l'influence de causes naturelles, peu connues : les fibres du minéral se séparent, deviennent blanches, si elles étaient précédemment vertes, etc., et constituent dès lors la substance vulgairement connue sous le nom d'*amiante,* ou celle désignée par les minéralogistes sous le nom d'*asbeste.* Nous avons déjà parlé ailleurs, page 72, de l'amiante et de ses usages. Quant à l'asbeste, on peut la considérer comme une variété plus grossière dans laquelle les fibres ne sont pas aussi désagrégées, la couleur est moins blanche, etc. Plusieurs autres espèces minérales, le pyroxène en particulier, peuvent aussi, par décomposition, donner naissance à de l'amiante ou à de l'asbeste.

12.27. *Amphibole grammatite, fibreuse, radiée,* dans la dolomie granulaire; très-gros échantillon (0ᵐ,40 sur 0ᵐ,30 environ) ; du Saint-Gothard.

12.28. *Amphibole actinote, fibreuse;* de Taberg. près Philipstad (Suède).

VITRINE.

Cristaux détachés d'*amphibole*.

La plupart de ces cristaux se rapportent à la sous-espèce hornblende; quelques-uns cependant, très-précieux, représentent aussi les deux autres sous-espèces.

M. 176. ARMOIRE ET VITRINE.

AMPHIBOLE (suite).

2.661. *Amphibole actinote,* dans un talc; du Zillerthal (Tyrol).

27.50. *Amphibole hornblende;* de Pargas, Finlande.

42.103. *Amphibole actinote, bacillaire,* radiée; rayons partant d'un centre pyriteux : d'Ala en Piémont.

M. 177. ARMOIRE.

AMPHIBOLE (fin).

12.63. *Amphibole hornblende, lamellaire;* gros échantilon ; de Saalberg (Suède).

35.80. *Asbeste,* en longs filaments groupés ; de Mondrone, vallée d'Ala (Piémont).

35.82. *Asbeste cartiforme;* de Mondrone, vallée d'Ala (Piémont).

26.29. *Asbeste ligniforme, brun-jaunâtre;* de Schneeberg, près Clausen (Tyrol).

33.105. *Asbeste dur,* long faisceau de fibres; de Finlande.

Vitrine.

Variétés d'*amiante* et d'*asbeste*.

54.240. *Amiante, sous forme de fil,* appelé *fil naturel;* de la Valteline (Tyrol).

M. 178. Armoire.

Espèce Pyroxène.

Le *pyroxène* a presque l'importance de l'amphibole, par son abondance ou par les caractères qui donnent de l'intérêt à une espèce en minéralogie. Toutefois, le pyroxène n'entre jamais dans la composition des roches granitiques; il existe dans les produits volcaniques, et constitue en particulier les roches basaltiques.

On distingue, dans le pyroxène, deux sous-espèces, d'après les caractères extérieurs et la composition, comme dans l'amphibole; ce sont le diopside et l'augite. Le *diopside* est d'un vert peu foncé, vert-pistache, vert-poireau, etc., ou incolore; il contient peu ou point de fer; il ne constitue pas de roches importantes. L'augite est noir, très-ferrugineux; il est beaucoup plus abondant que le diopside; il constitue en grande partie les roches volcaniques importantes, désignées sous le nom de *basaltes*. L'une et l'autre de ces deux sous-espèces fournissent de nombreux et beaux cristaux; les cristaux de diopside sont plus brillants, mais aussi plus complexes, que ceux d'augite. Le pyroxène, de même que l'amphibole, peut, par une décomposition naturelle, donner naissance à de l'amiante ou à de l'asbeste.

6.12. *Pyroxène diopside,* en cristaux; de Montayeux (Piémont).

35.2009. *Pyroxène diopside,* en cristaux dont les sommets sont transformés en asbeste; de Montayeux (Piémont).

51.166. *Pyroxène diopside,* cristal de grande dimension; de Norwick, Massachussets (États-Unis).

29.8. *Pyroxène asbestoïde;* de Montayeux (Piémont).

Vitrine.

Diopside et *augite :* cristaux détachés.

Nombreuse et très-belle série, l'une des plus complètes de la galerie.

Les cristaux ont été, ici, divisés en deux groupes : celui des diopsides, comprenant les pyroxènes qui sont incolores jusqu'à ceux qui sont d'un vert foncé ; celui des augites, comprenant les pyroxènes de couleur noire. Il est facile de voir que les cristaux du premier groupe ne présentent pas les mêmes formes dominantes que ceux du dernier groupe; par conséquent, la forme est ici un excellent caractère pour distinguer les deux sous-espèces, indépendamment de la couleur.

M. 179. Armoire et Vitrine.

Pyroxène (fin).

25.165. *Pyroxène diopside,* en cristaux implantés ; d'Ala (Piémont).

6.2. *Pyroxène diopside,* cristaux hémitropes ; de Traversella (Piémont).

M. 180. Armoire et Vitrine.

Diallage ; espèce Topaze.

La *diallage* a quelque importance, comme élément minéralogique des roches : elle entre dans la composition d'une certaine roche, à laquelle les géologues ont donné le nom d'*euphotide*, et qui se trouve assez développée sur certains points des Alpes méridionales, des Apennins, etc. La diallage est souvent d'un beau vert-émeraude qui ressort, surtout, lorsqu'on humecte la pierre. Elle existe exclusivement à l'état fibro-laminaire.

La *topaze* est l'une des espèces du règne minéral les plus précieuses pour son emploi dans la joaillerie. La couleur ordinaire de la topaze est un jaune d'une teinte propre, dit *jaune de topaze;* mais la topaze présente encore d'autres nuances de jaune : *jaune de paille, jaune de miel*, etc. On cite aussi des topazes incolores; enfin on connaît des topazes roses, mais la teinte rose est généralement un produit de l'art; on la détermine en chauffant certaines variétés de topaze jaune.

35.2031. *Diallage verte 'smaragdite ,* dans un jade blanchâtre.

26.173. *Topaze roussâtre,* dans du quartz hyalin ; de Villarica (Brésil).

2.703. *Topaze jaunâtre* et quartz hyalin noir ; de Nertschinsk (Sibérie).

41.5. Limonite, mêlée de talc : *gangue des topazes jaunes ;* du Brésil.

ARMOIRE DE LA COLONNE, ENTRE M. **180** ET M. **181**.

Phyllade, avec nombreuses empreintes de feuilles en talc satiné ; de Tarentaise (rapporté récemment par M. Cordier).

Marbre ruiniforme, de Florence ; plaque polie.

Marbre calcaire, ferrifère ; deux plaques polies ; de Villette (Tarentaise).

Tranche d'un *filon* dont la masse, composée *de jaspe* et *d'agate,* a éprouvé de remarquables ruptures pendant sa formation ; du terrain granitique, de l'arrondissement de Colmar (Vosges) ; grande plaque polie (0^m,90 sur 0^m,65).

M. **181**. ARMOIRE.
TOPAZE (fin) ; ESPÈCE MICA.

26.159. *Topaze,* avec quartz ; échantillon très-remarquable par ses dimensions, par le grand nombre et par la netteté de ses cristaux ; d'Odontschelon (Daourie).

37.41. *Topaze,* très-beau prisme, bleuâtre, terminé ; de Sibérie (0^m,10 environ, de diamètre transversal) ; échantillon de grande valeur.

VITRINE.

Topazes ; nombreuse série de cristaux isolés, très-riche en beaux échantillons et en pièces de valeur, parmi lesquels principalement les numéros :

8.130. *Topaze roussâtre ;* gros cristal, cassé à ses deux extrémités ; du Brésil.

9

8.128. *Topaze, d'un blanc légèrement bleuâtre ;* magnifique cristal ($0^m,055$ et $0^m,04$ de large ; $0^m,035$ de long) ; de Sibérie.

44.27. *Topaze verdâtre, à teinte très-pâle ;* magnifique échantillon ($0^m,045$ et $0^m,04$ de large ; $0^m,046$ de long), avec nombreuses facettes très-nettes ; de Sibérie.

38.39 a. *Topaze roussâtre ;* du Brésil.

53.593. *Topaze vert-d'eau ;* de Sibérie.

M. 182. ARMOIRE.

MICA (fin); ESPÈCE TOURMALINE; etc.

Le *mica* est très-brillant (de là le nom qu'il porte, tiré du verbe *micare*, briller) ; ce minéral est en lames flexibles, élastiques, de couleurs variables : blanc, noir, vert, brun, jaune, etc. Il ressemble au talc, pour sa forme générale ; mais nous avons vu que les lamelles de talc n'étaient pas élastiques ; le talc est de plus très-onctueux au toucher, caractère qui manque dans le mica. Celui-ci est toujours cristallisé ou cristallin ; il n'en existe pas de variété compacte, analogue à la stéatite du talc. Le mica est, après le quartz et le feldspath, la substance minérale la plus abondante et la plus répandue sur le globe ; il constitue des roches, à lui seul ; mais c'est surtout associé au quartz et au feldspath qu'il forme les masses les plus considérables (granite, gneiss, micaschiste, etc.). Son abondance dans une roche imprime ordinairement à celle-ci une structure schistoïde.

Le mica est employé quelquefois à sabler l'écriture ; les grandes lames transparentes, qui proviennent principalement de Sibérie, servent, comme carreaux, à remplacer les vitres sur certains navires de guerre ; l'explosion du canon, qui briserait les carreaux de verre, n'agit pas aussi violemment sur ceux de mica.

45.49. *Mica,* avec aiguilles divergentes de tourmaline verte ; de Paris, comté d'Oxford (État du Maine).

53.289. *Mica, en table hexagonale* de grande dimension.

1.91. *Mica spiciforme,* argentin ; de Gamsberg.

33.46. *Mica sphéroïdal,* dans le quartz ; d'un granite, de Kimito (Finlande).

Vitrine.

45.46. *Mica en roche (lépidolithe),* lamellaire; de Waterford.

M. **183**. Armoire.

Tourmaline (fin).

La *tourmaline* est employée, quelquefois, comme pierre précieuse; mais elle n'atteint jamais, comme telle, une valeur considérable. La tourmaline présente bien plus d'intérêt sous le rapport de ses caractères minéralogiques et sous celui de certaines propriétés physiques fort curieuses qu'elle possède. Cette espèce cristallise en prismes à six, à neuf ou à douze faces; les deux sommets, dans les cristaux, sont généralement disymétriques, c'est-à-dire, ne sont pas terminés de la même manière; ils font ainsi exception à une loi fondamentale en cristallographie, qui veut que toutes les facettes de même nature se reproduisent à la fois et de la même manière, sur tous les éléments identiques du cristal. Les propriétés électriques, dans les tourmalines, sont en rapport avec cette anomalie de cristallisation : un prisme chauffé dans de certaines conditions ne tarde pas à manifester les deux sortes d'électricité : électricité positive, à l'un des sommets; électricité négative, à l'autre sommet. Enfin les cristaux sont parfois bicolores : une couleur à l'un des sommets, une autre couleur à l'autre sommet; ce qui complète le système des différences. La tourmaline est employée en lames minces, taillées parallèlement à l'axe longitudinal des prismes, et montées dans un instrument qui porte le nom de *pince à tourmalines,* pour analyser certaines propriétés optiques des autres minéraux.

12.12. *Tourmaline cylindroïde,* dans un quartz hyalin, amorphe; très-gros échantillon; de Herlberg (Bavière).

20.120. *Tourmaline,* dans un micaschiste; de Karasulik (Groënland).

40.105. *Tourmaline incolore,* en cristaux implantés dans les cavités d'un granite gris; de l'île d'Elbe. La variété incolore de tourmaline est rare.

— *Tourmaline rose (rubellite),* bacillaire, rayonnée; de Sibérie. Cet échantillon est l'un des plus beaux, que l'on connaisse, de sa variété.

Vitrine.

Tourmaline : série de cristaux isolés, nombreuse et bien choisie, dans laquelle on distingue principalement les numéros :

46.117 a. *Tourmaline noire,* terminée aux deux sommets; de Haddam (Connecticut).

46.117 b. *Tourmaline noire;* de Haddam (Connecticut).

50.208. *Tourmaline verte,* en prisme à six faces; de Campo-Longo (Saint-Gothard).

Ce dernier échantillon est suivi de plusieurs autres, de la même couleur et de la même localité.

12.42. *Tourmaline,* d'un *vert bleuâtre* par transparence; du Brésil.

42.36. *Tourmaline, rose à son sommet, verte à sa base;* de l'île d'Elbe.

52.280, 52.279. *Tourmaline verte;* beaux cristaux, sur gangue de dolomie: de Campo-Longo, canton du Tessin.

Armoire de la colonne, entre M. **183** et M. **184**.

Calcaire ruiniforme, de Florence; large plaque polie.

Marbre de Campan, des Hautes-Pyrénées; remarquable par les nombreux débris d'entroques qu'il renferme; plaque circulaire, polie, de 0^m,50 de diamètre.

Table (0^m,55 sur 0^m,95), composée, au centre, d'une large plaque de porphyre rouge, et autour, de carrés en pierres polies, de diverses couleurs et de différentes natures.

M. 184. ARMOIRE ET VITRINE.

ESPÈCES AXINITE ET SPHÈNE.

L'*axinite* existe en cristaux minces et tranchants, caractère qui a valu à l'espèce le nom qu'elle porte. Les cristaux sont extrêmement brillants; leur couleur est d'un brun chocolat, caractéristique; ils sont faciles à reconnaître. L'axinite est sans usages.

Le *sphène* est également sans usages; mais il constitue l'une des espèces minérales les plus intéressantes, d'abord par les couleurs (vert, rouge, brun) très-vives des cristaux, ensuite par les hémitropies fréquentes qui donnent à ces cristaux des formes singulières.

35.1881. *Axinite* violette, en cristaux très-brillants, sur une large surface; de l'Oisans (Isère).

Axinite; cristaux détachés, et quelques échantillons sur gangue; plusieurs, d'un très-beau choix.

Sphène, cristaux isolés; série unique, en son genre, par le nombre et par le choix des variétés.

M. 185. ARMOIRE ET VITRINE.

ESPÈCES LAPIS LAZULI, SPINELLE, etc.

Le *lapis lazuli* est l'une des pierres les plus recherchées, pour sa belle couleur bleue, dans l'ornementation des objets de luxe, dans la joaillerie et dans la peinture.

Le *spinelle* est aussi au nombre des pierres précieuses. On en distingue de plusieurs couleurs : rouge, rosâtre, lie-de-vin, etc. C'est la variété rouge, plus spécialement, qui est employée dans la joaillerie : elle est connue sous le nom de *rubis spinelle;* les autres teintes sont moins estimées et prennent le nom de *rubis balais.*

35.1982. *Lapis lazuli,* traversé de veines de feldspath; poli.

35.2279. *Lapis lazuli,* parsemé de pyrites; poli.

31.151. *Lapis lazuli,* cristallisé en dodécaèdre; variété extrêmement rare; de la petite Bucharie.

49.184. *Lapis lazuli;* morceaux polis; de la Chine.

Spinelles; cristaux détachés.

53.322. *Spinelle noir,* du comté d'Orange (New-York).

51.507. *Spinelle rose,* en octaèdres, sur feuille de platine ; obtenu artificiellement par M. Ebelmen.

Nous avons déjà cité des produits de ce genre, page 63. Nous ajouterons seulement qu'avant M. Ebelmen, on ne connaissait aucun moyen de faire cristalliser les silicates infusibles et les aluminates ; M. Ebelmen a dissous ces sels, à la température élevée des fours à porcelaine, par l'acide borique ; il a fait ensuite volatiliser le dissolvant, et il a ainsi obtenu les bases ou les acides, séparés ou combinés, *à l'état cristallisé.* Le beau spinelle rose (aluminate de magnésie), que nous rencontrons ici, a été produit de cette manière.

M. 186. Armoire et Vitrine.

Espèce Turquoise ; etc.

La *turquoise* est d'un bleu verdâtre, particulier ; elle est assez recherchée dans la joaillerie ; mais il y en a deux variétés : l'une dite *turquoise de vieille roche,* qui se trouve sous forme de petites veines ou de petits rognons, dans des matières argileuses, principalement à Nichabour, en Perse ; c'est une matière véritablement minérale ; l'autre, dite *turquoise de nouvelle roche,* qui provient de dents ou d'autres os de mammifères, enfouis dans le sein de la terre, accidentellement colorés en bleu verdâtre ; elle est beaucoup moins dure et moins estimée que la précédente. Quelques minéralogistes l'ont désignée sous le nom de *calaïte.*

25.257. *Calaïte* (turquoise osseuse, ou *de nouvelle roche*).

50.88. *Turquoise de vieille roche,* avec quartz ; du Korassan (Perse).

52.118. *Turquoise de vieille roche,* sous forme concrétionnée ; de l'Arabie.

17.101. *Turquoise ;* petite plaque polie ; de Perse.

Diverses variétés d'*ambre.*

SIXIÈME CLASSE.

Combustibles.

Les minéraux qui constituent cette classe, sont, pour la plupart, le produit de l'altération de substances organiques enfouies dans le sein de la terre ; souvent encore ils portent des traces de leur origine. Ils brûlent tous à une température peu élevée, en dégageant une odeur prononcée; ils sont tendres et fragiles; leur poids est peu considérable. On les a séparés en cinq groupes : les *résines* (succin, rétinite, etc.), les *suifs de montagne*, les *bitumes* (naphte, pétrole, asphalte, etc.), les *schistes bitumineux* et les *charbons fossiles* (anthracite, houille, etc.). La séparation, toutefois, de ces cinq groupes, n'est pas absolue, ce qui tient à ce que souvent les bitumes s'allient, en proportions très-variables, avec les résines et les charbons.

L'armoire M. 186 contient les premiers échantillons de cette classe : succin (ambre), gomme copale, etc.

0.123. *Succin*, renfermant des insectes; de la Prusse orientale.

53.252. *Gomme copale*, dans laquelle on a introduit un insecte de l'espèce *Doryphora limbata*, qui a conservé les couleurs de ses ailes; échantillon poli, sous forme de cabochon.

M. 187. Armoire et Vitrine.

Élatérite; Naphte; Asphalte; etc.

L'*élatérite*, autrement dit *bitume élastique* ou *caoutchouc fossile*, présente une certaine analogie de propriétés physiques avec la gomme élastique ou caoutchouc ordinaire : elle se laisse facilement comprimer dans la main, et revient immédiatement à sa forme et à son volume premiers, dès que la compression cesse.

Le *naphte (huile de naphte)*, est un composé de carbone et d'hydrogène, liquide; il est très-volatil, d'une odeur pénétrante, qui ressemble un peu à celle du bitume que l'on fait fondre pour couvrir les trottoirs. Dans la nature, le naphte est toujours souillé par des matières étrangères qui le colorent en brun plus ou moins foncé, et il porte alors le nom de *pétrole (huile de pétrole)*. Le naphte, comme le pétrole, se forme journellement dans le sein de la terre, par décomposition de matières charbonneuses, et vient suinter à la surface du sol, à cause de son poids spécifique très-léger. On sait que ces matières sont utilisées pour l'éclairage; etc.

L'*asphalte*, autrement dit *poix minérale*, nous est connu par ses caractères de consistance, de couleur, d'éclat, d'odeur, de viscosité, etc. Nous ajouterons seulement ici que l'asphalte, comme tout bitume, est un mélange de carbures d'hydrogène divers, et qu'il se forme dans l'intérieur de la terre, par la transformation de substances charbonneuses, comme les autres combustibles du même genre.

M. 188. Armoire et Vitrine.

Espèce Graphite ; Anthracite.

Le *graphite*, plus connu dans son emploi sous le nom de *plombagine*, ou *mine de plomb*, est un carbone assez impur, contenant presque toujours une certaine proportion de fer ; ses caractères sont ceux de la substance qui forme les crayons dits *mine de plomb*. Mais il n'est pas employé seulement pour la fabrication des crayons, il sert encore pour celle de creusets très-réfractaires, etc. (Voir page 49, et page 80.)

L'*anthracite* ressemble, sous plus d'un rapport, à la houille, par ses caractères extérieurs; mais il en diffère, en ce qu'il brûle avec plus de difficulté, sans flamme ni fumée, donnant beaucoup plus de chaleur, etc. ; il est aussi plus brillant que la houille, plus sec au toucher ; il présente souvent un éclat comme métallique, etc. ; son origine, du reste, est la même que celle de la houille : l'anthracite résulte d'une transformation, sous terre, de matières végétales qui ont été accumulées par d'anciens courants. Certaines variétés d'anthracite, taillées et polies, sont employées comme objets d'ornement, ainsi que comme nous l'avons vu, page 68.

39.22. *Graphite,* portion d'un gros nodule ; de Ceylan.

35.280. *Graphite grenu;* de Borowdale (Cumberland.)

42.39. *Anthracite,* vivement irisé ; des États-Unis.

M. 189. Armoire et Vitrine.

Anthracite (suite) ; Houille.

Nous ne dirons rien des caractères de la *houille* (vulgairement *charbon de terre, charbon de pierre);* tout le monde connaît suffisamment ce combustible. Nous rappellerons seulement qu'on en distingue plusieurs variétés : *houille forte, houille maréchale, houille sèche,* etc. ; ces variétés se reconnaissent principalement par la manière de se comporter au feu ; mais leurs caractères extérieurs n'indiquent guère leurs qualités respectives. La houille, comme la plupart des substances qui forment la classe des combustibles, provient d'une transformation de matières végétales, sous le sol.

1.24. *Houille grasse,* schistoïde.

41.144. *Houille candelaire (cannel coal)* ; du Lancashire.

1.26. *Houille schistoïde,* charbonneuse.

1.52. *Houille schistoïde.*

M. 190. ARMOIRE.

LIGNITE; TOURBE; etc.

Le *lignite* se présente à l'état de matière noire ou brune, généralement terne, à structure ligneuse, rappelant celle des bois qui lui ont donné naissance; le lignite s'allume et brûle facilement, avec flamme, fumée noire et odeur bitumineuse, et laisse une cendre abondante. L'origine du lignite est analogue à celle de la houille; mais la transformation de la matière organique y est généralement moins avancée que dans la houille. Le *jayet,* dont on fabrique divers objets, en particulier des objets de deuil, est une variété de lignite compacte.

La *tourbe* se forme journellement dans de certains fonds marécageux; elle se compose de plantes herbacées, diverses, en particulier d'espèces du genre *Sphagnum,* qui ont subi une décomposition partielle, mais sans perdre leur forme.

1,42. *Lignite fibreux,* brun; des environs de Cologne.

35.254. *Lignite compacte;* des environs de Beaumont-sur-Oise.

1.55. *Lignite jayet* (voir, pour l'emploi, page 69).

VITRINE.

Tourbes; variétés diverses.

M. 191 ET M. 192. ARMOIRES ET VITRINES.

MINÉRAUX D'ESPÈCES INCERTAINES OU MAL CONNUES, rangés d'après l'ordre alphabétique des noms d'espèces.

ARMOIRE DE LA COLONNE, APRÈS M. 192.

Porphyre rouge; belle plaque polie (0^m,60 sur 0^m,50).

Collection de *pierres polies,* sous forme de plaques,

9.

enchâssées dans un cadre de *marbre bleu-turquin,* avec compartiments de *marbre noir* (table de 1^m,40 sur 0^m,65).

Pour compléter ici l'énumération des objets les plus précieux que possède la collection de minéralogie, nous aurions encore à passer en revue les tables intercalées entre les meubles qui forment l'épine, au milieu de la galerie, tables sur lesquelles sont exposées les pièces minéralogiques ou géologiques que leur volume a empêché de placer dans les meubles vitrés, que leur importance, d'autre part, recommande à l'attention du public; mais nous visiterons plus tard ces pièces, en parcourant la collection géologique des terrains, qui est renfermée dans les vitrines de la même série.

Classement particulier de la collection de Géologie; description des objets les plus précieux que cette collection renferme.

Nous avons déjà dit (page 29) quelle était la répartition générale de la collection de géologie, dans la galerie; nous devons indiquer maintenant son classement particulier, faire connaître la distribution relative de ses divisions dans les meubles, et décrire les pièces principales qu'elle renferme.

Les échantillons de la collection de géologie sont rangés, dans la galerie, d'après les trois grands points de vue scientifiques que l'on envisage d'ordinaire, pour arriver à connaître la constitution du globe terrestre, savoir :

1° Collection spécifique des roches ;
2° Collection des terrains ou étages géologiques ;
3° Collection des fossiles (annexe de la précédente);
4° Collection géographique.

Les deux premières divisions sont placées en vue du public, dans la galerie, savoir : la collection des Roches, dans les armoires verticales adossées au mur, galerie haute, du nord ; la collection des Terrains, dans les cages vitrées de l'épine de la galerie basse, se continuant dans les cages de même forme de la galerie haute, du nord ; les Fossiles, dans les armoires vitrées horizontales et verticales de la galerie haute, du midi ; la collection Géographique, dans les tiroirs des armoires qui remplissent les travées, du côté du midi, dans la galerie basse ; la même collection continue dans les tiroirs de l'épine, puis dans les tiroirs des galeries hautes, du nord et du midi ; enfin, une partie est placée dans des tiroirs, au laboratoire de géologie.

COLLECTION DES TERRAINS.

Nous commencerons les descriptions par la collection des terrains, dont une grande partie se trouve exposée dans la galerie même où nous nous trouvons encore, et dans laquelle nous venons de visiter les minéraux.

Nous avons indiqué ci-dessus les meubles dans lesquels cette collection est renfermée ; nous ajouterons qu'elle est distribuée, dans les meubles, d'après la classification adoptée par l'illustre professeur actuel de géologie, M. Cordier. Nous allons résumer ici, en quelques mots, cette classification, que reproduisent, du reste, de grandes étiquettes, dans les vitrines.

CLASSIFICATION DES TERRAINS.

TABLEAU GÉNÉRAL DE LA STRUCTURE DE LA TERRE.

ÉCORCE CONSOLIDÉE.

SOL SECONDAIRE.

Terrains de la période alluviale. { Étage moderne. — diluvien.

Terrains de la période paléothérienne. { Etage du crag. — des faluns. — des molasses. — paléothérique.

Terrains de la période crétacée. (Syst. gallo-germanique.) Etage crayeux. — glauconien. — des sables ferrugineux. (Syst. médi-terranéen) Etage des macignos sup. — des macignos inf. — hippuritique. — ancylocérique.

Terrains de la période salino-magnésienne. (Système anglo-germanique.) Etage oolitique. — du lias. — des argiles irisées. — du calcaire à cératites. — des grès bigarrés. — du zechstein. — des pséphites. (Système alpino-pyrénéen) Etage des calcaires mêlés de schiste argileux ordinaire. Etage des calcaires mêlés de phyllades subluisants. Étage des anagénites.

Terrains de la période anthraxifère. { Grand étage houiller. — — des calcaires anthraxifères. — — des grès pourprés.

Terrains de la période phylladienne. { Grand étage ampélitique. — — phylladique.

SOL PRIMORDIAL.

Terrains de la période primitive. { Grand étage des talcites phylladiformes. — — des talcites cristallifères. — — des micacites. Immense étage des gneiss.

Terrains inaccessibles et inconnus que le refroidissement planétaire a formés intérieurement, et de haut en bas, pendant la durée des périodes secondaires.

Zone ou région souterraine des agents volcaniques actuels.

MASSE CENTRALE.

Masse incandescente et liquide contenant le principe de phénomènes magnétiques.

Les échantillons qui représentent, dans la galerie, l'échelle des terrains que nous venons d'exposer, commencent avec l'extrémité ouest de l'épine (galerie basse), au point où nous avons terminé la description de la collection de minéralogie.

Avec la première vitrine A (1), commencent les terrains de la *période primitive*; ces terrains se continuent dans les vitrines suivantes. Viennent ensuite les terrains de la *période phylladienne*, puis ceux de la *période anthraxifère*, qui se terminent à l'extrémité est de l'épine, à la dernière des vitrines de ce côté, marquée 4.Y.

Dans les vitrines du côté opposé, à partir de l'extrémité est, vitrine marquée 5.A, continuent les terrains : terrains de la *période salino-magnésienne* et terrains de la *période crétacée*; ces derniers se terminent à la dernière vitrine de ce côté, marquée 8.Y.

Les terrains de la *période paléothérienne* commencent, dans la galerie haute du nord, avec la première vitrine de l'extrémité est, marquée 5.A; ils sont suivis par les terrains de la *période alluviale*, qui se terminent avec la dernière vitrine de ce côté, marquée 8.Y, et finissent les terrains.

Nous aurions à donner ici quelques détails descriptifs sur chacun des grands groupes de terrains dont nous venons d'indiquer la répartition générale dans les meubles de la galerie; nous devrions surtout attirer l'attention sur les échantillons les plus remarquables qui les

_____

(1) Les lettres et numéros qui indiquent les vitrines, sont inscrits au-dessous de celles-ci, en haut des corps à tiroirs qui correspondent à chacune d'elles.

représentent ; mais des changements qui seront incessamment entrepris dans les collections de géologie, et surtout des augmentations qui auront lieu, fruit de nombreux voyages géologiques que M. Cordier a faits en ces dernières années, dans les différentes parties des Alpes, dans les Apennins, etc., nous empêchent de présenter ici des indications qui deviendraient bientôt inutiles.

Dans la série des meubles qui forment l'épine au milieu de la galerie basse, et qui contiennent, comme nous venons de voir, une partie des terrains, sont intercalées, d'intervalle à intervalle, des tables sur lesquelles on a exposé de gros objets, minéralogiques et géologiques, qui n'auraient pu tenir dans les armoires, ou que leur importance recommandait plus spécialement à l'attention des visiteurs ; nous devons mentionner ici les principaux suivants :

1re TABLE, EN PARTANT DE L'OUEST (ENTRE LES VITRINES Y ET 2.A).

Plans en relief : l'un, *de l'île de Ténériffe,* exécuté par Berthelot, en 1846 ; l'autre, *de la chaîne du mont Blanc ;* le troisième, *des environs du lac de Genève, jusqu'au mont Blanc,* etc.

Urne en marbre varié, brun et rose.

Au-dessous de la même table : divers objets, parmi lesquels de belles tranches polies de *troncs de palmiers silicifiés,* prises suivant la longueur des troncs.

Grès quartzeux, à ciment calcaire, sous forme de tubercules entrelacés ; énorme bloc, d'un terrain de sable, près Maintenon (Eure-et-Loir).

2ᵉ Table, a la suite de la Vitrine 2.Y.

50.168. *Sel gemme, cubique ;* cristaux nombreux, sur un long madrier en bois qui est resté, pendant dix-huit ans, dans une galerie de mine de sel gemme, en contact avec un filet d'eau salée ; de Dieuze (Meurthe).

46.100. *Liévrite ;* très-gros échantillon, composé de nombreux cristaux à grandes dimensions ; de l'île d'Elbe.

42.95. *Malachite,* épigène de cristaux d'azurite ; de Chessy, près Lyon.

Calcaire concrétionné, feuilleté, sous forme de colonnades d'une blancheur éclatante ; de l'aqueduc de Maintenon, près Paris.

39.190. *Strontiane sulfatée ;* large surface toute couverte de cristaux très-nets et très-brillants de cette espèce, avec soufre natif ; de Sicile.

2.338. *Azurite* lamelliforme, dans les cavités d'une très-grosse masse de limonite ; de Moldava (Banat).

6.179. *Calcaire quartzifère ;* beau groupe, composé de cristaux de la variété dite *inverse ;* de Fontaine-bleau.

Marbre blanc ; plaque polie, sur laquelle a été figuré un oiseau, par une substance corrodante, cuivreuse ; de la Chine.

0.133. *Ambre jaune,* façonné en coffret, avec statuettes en ivoire et ornements divers, sculptés, d'un travail très-ancien.

Au-dessous de la table, on remarque principalement des calcaires concrétionnés sous formes diverses, en particulier le n° 0.412 : *calcaire concrétionné (tuf),* sous forme de mousse ; d'Aix-les-Bains (Savoie).

A la suite immédiate de la table :

Prismes basaltiques; l'un d'eux, marqué 5.X.248, provient d'Islande.

Ensuite, trois *tables en mosaïque :* deux, à fond de marbre noir, uniforme, et une, à fond de marbre blanc, saccharoïde ; elles sont incrustées de pierres de différentes couleurs, qui représentent divers objets de la nature organique, parmi lesquels quelques-uns sont imités avec une rare perfection ; il est inutile de dire la haute valeur de ces trois pièces.

Après les tables en mosaïque : *colonne de basalte,* sur laquelle est placée une urne funéraire, modeste monument à la mémoire de Dolomieu, qui fut professeur de minéralogie au Muséum, vers la fin du siècle dernier. Deux plaques gravées portent l'inscription suivante :

A DÉODAT DE DOLOMIEU,

COMMANDEUR DE L'ORDRE DE SAINT-JEAN DE JÉRUSALEM, MEMBRE DE L'INSTITUT ET PROFESSEUR ADMINISTRATEUR AU MUSÉUM D'HISTOIRE NATURELLE ; NÉ LE 23 JUIN 1750, MORT LE 28 NOVEMBRE 1801.

PHILOSOPHE ÉCLAIRÉ, OBSERVATEUR STRICT, COURAGEUX, SUPÉRIEUR AUX PRIVATIONS ; SA PASSION FUT L'ÉTUDE, SON BUT LA VÉRITÉ ; IL ÉTUDIA LA THÉORIE DU GLOBE SUR LES SOMMETS GLACÉS, SUR LES CRATÈRES FUMANTS, DANS LES ENTRAILLES DE LA TERRE ; IL SONDA LES ABIMES DES VOLCANS ; IL ÉCLAIRA LEURS CAUSES, ET L'ESPRIT SUPÉRIEUR SE MONTRA DÈS SES PREMIERS TRAVAUX.

A D'AFFREUX ET INJUSTES REVERS, IL OPPOSA UNE AME GRANDE ET FORTE ; MAIS AU DÉBUT D'IMPORTANTES EXCURSIONS GÉOLOGIQUES, LA MORT LE SURPRIT, ET LA SCIENCE FUT PRIVÉE D'OBSERVATIONS PRÉCIEUSES ET DES MÉDITATIONS DU GÉNIE.

SON AME SENSIBLE ET BIENFAISANTE LUI AVAIT ACQUIS DE NOMBREUX AMIS DANS TOUS LES RANGS ; AUSSI L'EXPRESSION DU REGRET DES SAVANTS, DE SES AMIS ET DES SIENS, SIGNALA LA GRANDEUR DE SA PERTE.

3ᵉ TABLE, PRÉCÉDANT LA VITRINE 5 A.

7.53. *Quartz hyalin (cristal de roche);* magnifique

coupe gravée, dont le corps principal est d'une seule pièce; le pied et les anses sont ajoutés (0ᵐ,30 sur 0ᵐ,20 de largeur; 0ᵐ,18 environ de hauteur).

51.397. *Alun ammoniacal;* très-gros octaèdres, bien terminés, obtenus artificiellement par M. Gannal

26.154. *Strontiane sulfatée;* magnifiques cristaux groupés sous forme de cylindroïdes, parsemés de cristaux de soufre natif; de Mazzara (Sicile).

53.291. *Sel gemme;* cristallisation très-remarquable, produite par l'évaporation lente et naturelle d'une eau chargée de chlorure de sodium; de Salins (Jura).

48.96. *Jade néphrite,* d'un blanc verdâtre; taillé en vase.

Sel gemme, avec lignite; de Wieliczka (Pologne).

Au-dessous de la table :

Agate; gros nodule, scié en travers et poli, composé d'agate au pourtour, d'améthyste au centre (0ᵐ,27 environ, dans les deux sens horizontaux).

Quartz hyalin; beau groupe de gros cristaux.

A.73. *Agate;* énorme géode, sous forme d'ovoïde aplati, partagée en deux; des cristaux de quartz tapissent le centre, une pellicule d'agate forme le pourtour (0ᵐ,40 sur 0ᵐ,30 environ, pour les deux dimensions transversales).

4ᵉ Table (ou dernière table de l'extrémité est).

Météorite (aérolithe, vulgairement *pierre tombée du ciel)* tombé à Juvinas, département de l'Ardèche, le 5 juin 1821, vers trois heures après midi, à la suite d'une explosion violente, qui a été entendue à une distance considérable et qui a été suivie de la chute d'un grand nombre d'autres pierres beaucoup plus petites et de la même nature. Ce météorite était enfoncé de 1^m,80 dans le sol, et pesait 92 kilogrammes, avant d'avoir été rompu par les travailleurs ; il pèse encore 42 kilogrammes. (Le procès-verbal relatif à l'origine de cette pierre, est déposé dans les archives du Muséum.)

La chute des pierres météoriques est un fait connu depuis la plus haute antiquité, mais qui a été relégué, longtemps, parmi les contes populaires ; aujourd'hui, ce fait n'est plus contestable ; les détails les plus circonstanciés et les témoignages les plus authentiques obligent à l'admettre. On n'a plus d'incertitude que sur le véritable point d'origine de ces pierres curieuses, et sur les circonstances particulières qui ont pu déterminer leur chute. Les aérolithes proprement dits diffèrent par leur composition des fers météoriques ; ils sont formés, à l'intérieur, d'une matière grise, de nature pierreuse ; ils sont généralement couverts à la surface d'une écorce noire, quelquefois brillante et vitreuse, qui paraît être un résultat de fusion.

A.73. *Sel gemme*, fibreux, d'un rouge vif ; des mines de sel de Dieuze (Meurthe).

Calcaire, en couches tordues, mêlé de lits alternatifs de feldspath compacte que la décomposition superficielle de la matière calcaire a rendu proéminent ; de la montagne de Jérusalem, près du Vigan (Gard). Cet échantillon montre en petit la structure singulière du terrain dont il provient.

COLLECTION SPÉCIFIQUE DES ROCHES.

Comme nous l'avons vu précédemment, page 155, la collection des roches est classée dans les armoires adossées au mur, galerie haute du nord ; elle commence avec la première armoire A, qui fait face à la vitrine où nous avons laissé la fin des terrains, c'est-à-dire à l'extrémité ouest de la même galerie, et elle se termine à l'armoire 4.Z, extrémité est de cette galerie.

La collection des roches est encore ici classée d'après la méthode du savant professeur de géologie actuel, M. Cordier ; en voici le tableau.

CLASSIFICATION DES ROCHES.

TABLEAU GÉNÉRAL DES FAMILLES OU GROUPES NATURELS.

Familles :

	1re	Roches	feldspathiques.
	2e	—	pyroxéniques.
	3e	—	amphiboliques.
	4e	—	épidotiques.
	5e	—	grenatiques.
Ire CLASSE.	6e	—	hypersténiques.
ROCHES TERREUSES.	7e	—	diallagiques.
	8e	—	talqueuses.
	9e	—	micacées.
	10e	—	quartzeuses.
	11e	—	vitreuses.
	12e	—	argileuses.
IIe CLASSE.	13e	—	calcaires.
	14e	—	gypseuses.
ROCHES ACIDIFÈRES NON	15e	—	à base de sous-sulfate d'alumine.
MÉTALLIQUES.	16e	—	— de chlorure de sodium.
	17e	—	— de carbonate de soude.
	18e	—	— de carbonate de zinc.
	19e	—	— de carbonate de fer.
	20e	—	— d'oxyde de manganèse.
IIIe CLASSE.	21e	—	— de silicate de fer hydraté.
ROCHES MÉTALLIFÈRES.	22e	—	— d'hydrate de fer.
	23e	—	— de peroxyde de fer.
	24e	—	— de fer oxydulé.
	25e	—	— de sulfure de fer.
	26e	—	— de soufre.
	27e	—	— de bitume grisâtre.
IVe CLASSE.	28e	—	pissasphaltiques.
ROCHES COMBUSTIBLES	29e	—	graphiteuses.
NON MÉTALLIQUES.	30e	—	anthraciteuses.
	31e	—	à base de houille.
	32e	—	— de lignite.
APPENDICE.	33e	—	anomales.
	34e	—	météoriques.

Nous regrettons de ne pouvoir décrire ici chaque famille, chaque espèce, dans les armoires successives où elles sont contenues : le classement actuel, ou plutôt la répartition des échantillons dans les meubles, doivent être, sous peu, modifiés; nos descriptions, faites sur la situation actuelle, ne tarderaient donc pas à porter à faux. Mais avec le tableau qui précède et les étiquettes des divisions et sous-divisions, qui sont exposées aux différentes places, dans la collection, il sera toujours facile de trouver tel groupe que l'on désirera.

COLLECTION DES FOSSILES.

Les fossiles occupent les compartiments vitrés de la galerie haute du sud. Les *invertébrés* (crustacés, insectes, mollusques, rayonnés) sont distribués dans les vitrines, le long de la balustrade qui sépare cette galerie de la galerie basse; des *végétaux* et différents invertébrés sont répartis sur les tablettes au-dessous des vitrines; l'ordre de distribution des échantillons, dans cette série de meubles, est celui de l'ancienneté relative des espèces; les fossiles les plus anciens commencent avec la première vitrine du côté de l'ouest, et les plus modernes finissent avec l'extrémité opposée.

Les *vertébrés* (ossements fossiles) sont disposés dans les armoires verticales, suivant l'ordre zoologique. C'est à cette dernière collection que nous devons attacher plus spécialement ici notre attention.

ARMOIRE 1re (SANS NUMÉRO).
La première classe des vertébrés, les mammifères,

commence avec cette armoire, à l'extrémité est de la galerie.

OSSEMENTS FOSSILES. — MAMMIFÈRES.

HOMME FOSSILE.

Portion d'un *squelette d'homme, trouvé dans les brèches osseuses de l'île de Crète.*

Têtes d'hommes, incrustées de carbonate de chaux...

Squelette humain, dans une roche dure, de formation récente; du lieu dit *le Moule,* à la Guadeloupe.

On s'est demandé souvent si *l'homme existe réellement à l'état fossile :* la réponse à cette question dépend du sens que l'on attache au mot *fossile.* Si, par fossile, on entend tout corps organisé, enfoui par des causes naturelles dans les couches régulières de la terre, quelle que soit l'époque à laquelle le corps ait été enfoui, et quels que soient les changements de composition qu'il ait subis depuis son enfouissement, nous pouvons dire que l'homme existe à l'état fossile; si, par fossile, au contraire, nous désignons spécialement les corps organisés qui ont été enfouis dans le sein de la terre, antérieurement au dernier cataclysme que le globe a éprouvé, c'est-à-dire antérieurement au déluge mosaïque, nous ne pouvons affirmer que l'homme existe réellement à l'état fossile : les faits jusqu'à présent observés ne sont pas assez concluants pour nous permettre de répondre à cette question d'une manière positive. On rencontre, il est vrai, des ossements humains plus ou moins modifiés dans leur composition, plus ou moins remplacés par des matières étrangères, dans l'intérieur de roches tout-à-fait solides; mais ces roches sont de formation moderne; elles contiennent des coquilles de l'époque actuelle, dont les espèces identiques vivent encore dans le voisinage même du lieu où l'on a découvert les ossements; elles sont dues à des dépôts de matière calcaire, analogues à ceux qui se forment encore actuellement dans beaucoup de localités; les os humains ont été incrustés sur place par cette matière calcaire. On trouve aussi des ossements humains, ou des débris de l'industrie humaine, dans les cavernes et brèches osseuses, au milieu de circonstances qui portent à croire que leur enfouissement date d'une époque très-ancienne; mais on ne saurait déterminer cette époque, on ne saurait dire si les os ou débris ont été ici accumulés antérieurement à la dernière révolution générale du globe, c'est-à-dire pendant la période des terrains tertiaires, ou à une époque plus moderne.

La même armoire contient, dans son compartiment inférieur :

SINGES FOSSILES.

Mâchoire inférieure de singe, trouvée dans un calcaire tertiaire, à Sansan (Gers); modèle en plâtre.

On rencontre des ossements de *singes* dans les terrains tertiaires, mais ils sont très-rares; l'un des plus remarquables est la mâchoire entière de *Pithecus antiquus*, de Sansan, ci-dessus indiquée.

GENRE VESPERTILIO (chauve-souris).

Les *chauves-souris* sont très-rares à l'état fossile; nous en rencontrons cependant ici un bel exemple :

Portion de *squelette d'une chauve-souris*, avec sa contre-empreinte; du gypse de Montmartre; cette espèce se rapporte au genre vespertilion.

ARMOIRES 5.A A 5.D.

GENRE URSUS (ours).

Le genre *ursus* compte, à l'état fossile, plusieurs espèces dont aucune n'a son analogue vivante. Parmi ces espèces, la plus répandue est l'*Ursus spelæus* (ours des cavernes), que l'on rencontre principalement, comme son nom l'indique, dans les cavernes à ossements. L'*ours des cavernes* avait une taille d'un quart au moins supérieure à celle des plus grands ours bruns actuels.

Ossements de *diverses espèces fossiles d'ours*, en particulier de l'*Ursus spelæus (ours des cavernes).*

ARMOIRE 5.C.

CARNASSIERS DIVERS; du gypse des environs de Paris.

GENRE AMPHYCION; des terrains tertiaires du département du Gers.

ARMOIRES 5.F A 5.H.

CARNASSIERS DIVERS : en particulier, genres *Felis (chat)* et *Canis (chien).*

Felis spelæa, dont on trouve les ossements principalement dans les cavernes, avec ceux d'ours que nous avons cités plus haut.

Felis smilodon (en plâtre); tête remarquable par l'énorme développement des canines.

ARMOIRE **5**.J.

GENRE HYÆNA (hyène).

, Les diverses espèces d'*hyènes* vivantes habitent actuellement les parties chaudes de l'ancien continent (Perse, Arabie, Abyssinie, Cap, etc.). Il est remarquable que le même genre se trouve abondamment répandu, en espèces et en individus, à l'état fossile, sur tous les points de l'Europe; la température de cette portion du globe n'était donc pas la même à l'époque où les ossements d'hyènes, aujourd'hui fossiles, étaient enfouis? Parmi les débris les plus nombreux d'hyènes sont ceux de l'*Hyæna spelæa* (hyène des cavernes), dont nous voyons ici plusieurs représentants. Cette espèce a laissé des restes, principalement dans les cavernes à ossements.

Ossements d'*hyènes,* principalement de l'*hyène des cavernes.*

ARMOIRE (SANS NUMÉRO), à la suite de **5**.J.

VERTÉBRÉS DIVERS, des *brèches osseuses* de Sardaigne et de Corse.
GENRE ELEPHAS (éléphant).

Dents molaires de l'*éléphant fossile (Elephas primigenius, mammouth*) ; grand nombre de pièces, de localités diverses ; plusieurs de ces pièces sont remarquables par leur belle conservation, par leur volume, etc.

On a rencontré cette espèce d'éléphant, aujourd'hui éteinte, sur une très-vaste étendue, en Europe, dans l'Amérique septentrionale, dans l'Asie septentrionale. On a souvent raconté comment un premier individu, presque complet, de cette espèce, avait été trouvé sur les bords de la mer Glaciale, récemment détaché de la glace et enveloppé encore d'une partie de ses chairs et de sa peau, après plusieurs milliers d'années d'enfouissement, à dater d'une époque certainement antérieure au déluge mosaïque.

Nous ne pouvons mieux faire, au sujet de ces récits, que d'emprunter au récent et célèbre ouvrage de M. Flourens *(De la longévité humaine et de la quantité de vie sur le globe)* les quelques lignes qui suivent, et qui résument l'étonnante découverte :

« En 1799, un pêcheur tongouse remarqua sur les bords de la mer Glaciale, près de l'embouchure de la Léna, au milieu des glaçons, un bloc informe qu'il ne put reconnaître. Cinq ans après, cette masse énorme vint échouer à la côte, sur un banc de sable. Au mois de mars 1804, le pêcheur enleva les défenses et s'en défit pour une valeur de 50 roubles. Lorsqu'en 1806, M. Adams, membre de l'Académie de Saint-Pétersbourg, vit cet animal, reste si étrangement conservé d'une population éteinte, il le trouva déjà fort mutilé:

les Iakoutes du voisinage en avaient dépecé les chairs, pour nourrir leurs chiens ; des bêtes féroces en avaient aussi mangé ; cependant le squelette se trouvait encore entier, à l'exception d'un pied de devant. L'épine du dos, une omoplate, le bassin et les restes des trois extrémités étaient encore réunis par des ligaments et par une portion de la peau... La tête était couverte d'une peau sèche ; une des oreilles, bien conservée, était garnie d'une touffe de crins ; on distinguait encore la prunelle de l'œil. Le cerveau se trouvait dans le crâne, mais desséché ; le cou était garni d'une longue crinière ; la peau était couverte de *crins* noirs et d'un *poil* ou *laine* rougeâtre ; ce qui en restait était si lourd, que six personnes avaient beaucoup de peine à le transporter. On retira, selon M. Adams, plus de 30 livres pesant de poils et de crins, que les ours blancs avaient enfoncés dans le sol humide, en dévorant les chairs. »

Les crins avaient jusqu'à 0^m,42 de longueur ; nous en verrons un échantillon, ainsi que de la peau, dans l'armoire suivante.

Plusieurs autres individus de la même espèce ont été successivement rencontrés dans les mêmes régions, et dans des circonstances analogues de gisement et de conservation. On se demande : L'animal a-t-il vécu dans les régions mêmes où l'on trouve aujourd'hui son cadavre ? La température de ces régions était-elle différente de celle d'aujourd'hui ? était-elle un peu plus élevée, sans égaler toutefois celle des régions chaudes où vivent encore d'autres espèces du même genre ? La longueur des poils et la laine qui garnissaient la peau semblent indiquer une température moins élevée que celle des pays chauds actuels. Un refroidissement subit du globe aurait-il saisi les animaux dans les glaces ? Ou bien enfin ceux-ci ont-ils été transportés de loin vers le pôle, à l'état de cadavres ? Toutes ces questions ont été vivement agitées par les plus savants naturalistes, mais nous ne sachons pas qu'aucune solution bien certaine en ait encore été donnée.

ARMOIRES 5.K A 5.M ET ARMOIRE SUIVANTE (SANS NUMÉRO).

ELÉPHANT FOSSILE ou mammouth (suite).

Dans l'armoire 5.K en particulier :

Poils et laine de l'éléphant fossile trouvé dans la glace, à l'embouchure de la Léna, en 1799.

Morceau de peau de l'*éléphant fossile* précédemment cité.

Défense de l'éléphant fossile, déterrée en Sibérie.

Dans l'armoire 5.L :

Tronçon d'une *défense d'éléphant fossile,* de 4 mètres de longueur ; des environs de Come.

Énorme *défense d'éléphant fossile,* du diluvium des fortifications de Soissons (Aisne).

Armoires 5.N a 5.V et Armoire suivante (sans numéro). ·

Genre Mastodon (mastodonte).

Le *mastodonte* est un genre tout à fait perdu, de la famille des pachydermes proboscidiens, dont l'éléphant est le type. Il présentait, en général, les formes extérieures de l'éléphant ; mais il en différait essentiellement par ses molaires ; celles-ci étaient surmontées de mamelons coniques, du moins dans le jeune âge de la dent, au lieu de présenter une couronne plane comme celles des éléphants. L'une des espèces principales de ce genre, le *Mastodon giganteus (mastodonte gigantesque),* a laissé des débris dans les terrains tertiaires supérieurs des Etats-Unis, de l'Europe, de l'Asie et même de la Nouvelle-Hollande.

Ossements divers, se rapportant à plusieurs espèces de *mastodonte.* Dans les armoires 5.P et 5.Q en particulier : dents du *grand mastodonte ;* dans l'armoire 5.R : deux belles mâchoires inférieures du *mastodonte de Humboldt ;* dans les armoires 5.S et 5.T : longue défense du *mastodonte à dents étroites,* du val d'Arno supérieur ; dans l'armoire 5.U : mâchoire du *Mastodon angustidens,* du département du Gers ; etc.

Armoires 5.X a 5.Z.

Genre Dinotherium ; etc.

On ne connaît pas encore bien la véritable affinité zoologique du genre éteint *Dinotherium ;* mais quelques auteurs ont cru devoir le rapprocher des proboscidiens (éléphants). On n'a encore découvert, jusqu'à présent, qu'une tête complète de cet animal à caractères mixtes. Cette tête colossale ne mesure pas moins de 1^m,105, dans le sens antéro-postérieur. Les fosses nasales sont larges et ouvertes en dessus ; on observe de grands trous sous-orbitaires qui, joints à la forme du nez, peuvent faire conjecturer que l'animal était muni d'une trompe. La mâchoire inférieure est terminée par deux énormes défenses dirigées en bas.

ARMOIRE (SANS NUMÉRO) APRÈS 5.Z; ARMOIRES 6.A
A 6.J.

GENRE RHINOCEROS.

Plusieurs espèces de ce genre sont ici représentées
par de nombreuses et magnifiques pièces, parmi lesquelles nous distinguerons plus particulièrement, dans
l'armoire sans numéro : une tête de rhinocéros à cornes
latérales (*Rhinoc. pleuroceros* Duv.), découverte à Gannat (Allier); dans l'armoire 6.A : deux magnifiques têtes
du sous-genre *Acerotherium*, trouvées, l'une à Sansan
(Gers), l'autre à Gannat (Allier); dans l'armoire 6.C:
une tête du *rhinocéros de Sansan*; dans l'armoire 6.F:
une tête énorme du *Rhinoceros leptorhinus* Cuv., trouvée à Montpellier, dans les sables marins tertiaires;
dans l'armoire 6.J : une longue tête du *Rhinoceros ticho-
rhinus* (Cuv.), trouvée en Sibérie; etc.

ARMOIRE (SANS NUMÉRO); ARMOIRES 6.K A 6.M; AR-
MOIRE SUIVANTE (SANS NUMÉRO).

GENRE PALÆOTHERIUM.

Ce genre, aujourd'hui complétement éteint, a été découvert, pour
la première fois, par Cuvier, dans le gypse de Montmartre; il
appartient aux pachydermes. Les os du nez, relevés comme dans
les tapirs, montrent que l'animal portait une petite trompe flexible,
mais non préhensile. Les pieds antérieurs et postérieurs ont trois
doigts. Les formes extérieures rappellent celles du tapir.

Plusieurs espèces du genre *Palæotherium* sont ici représentées par divers débris, provenant, la plupart, de la
pierre à plâtre (gypse) des environs de Paris. On remarque en particulier, dans la première armoire (sans
numéro) : de belles séries dentaires et une demi-mâ-
choire inférieure presque complète; dans l'armoire 6.K :
des têtes et mâchoires, dont plusieurs, d'une magnifique

conservation; l'un des échantillons, entre autres, extrèmement curieux, montre la partie supérieure de la tète, dégagée de sa partie osseuse et laissant voir la forme extérieure du cerveau. L'armoire 6.M et la suivante contiennent principalement diverses pièces des organes de la locomotion. — Au-dessus de la première armoire (sans numéro) : portions considérables des extrémités antérieures d'un *Palæotherium magnum,* avec les extrémités postérieures, dans un bloc de gypse, d'une seule pièce; de Montmartre. Au-dessus de la dernière armoire (sans numéro) : portions assez considérables des extrémités postérieures du *Palæotherium magnum,* trouvées avec les extrémités antérieures, sur un bloc de gypse, d'une seule pièce; de Montmartre.

ARMOIRES 6.N A 6.O.
GENRE EQUUS (cheval) ET AUTRES GENRES DE SOLIPÈDES.

ARMOIRES 6.P A 6.U.
GENRE HIPPOPOTAMUS (hippopotame).

Les deux premières armoires, 6.P et 6.Q, contiennent trois magnifiques pièces de l'*hippopotame fossile* du val d'Arno supérieur : une grande portion de tête de cette espèce, une mâchoire inférieure, une autre portion de tête, sans la mâchoire inférieure. Dans l'armoire 6.S : bassin complet et divers autres débris, du même genre.

ARMOIRE 6.V ET ARMOIRE SUIVANTE.
GENRES TAPIROTHERIUM, ANTRACOTHERIUM, etc. (PACHYDERMES ÉTEINTS).

ARMOIRES 6.X A 6.Z, ET ARMOIRE SUIVANTE.

GENRE ANOPLOTHERIUM.

Ce genre, qui a totalement disparu de la création actuelle, présentait à la fois des affinités avec les rhinocéros, les chevaux, les hippopotames, les cochons, les chameaux. Les pieds antérieurs et postérieurs n'avaient que deux doigts, développés comme chez les ruminants, et dans quelques espèces, de petits doigts accessoires; mais les os ne formaient point de canons, et, comme dans les pachydermes, restaient toujours séparés. C'est dans le gypse des environs de Paris qu'on a trouvé les plus nombreux débris de ce genre éteint, si curieux.

Les armoires ci-dessus indiquées contiennent de nombreuses pièces de l'anoplotherium, provenant en grande partie de la pierre à plâtre des environs de Paris.

Dans la première armoire 6.X : plusieurs têtes et mâchoires avec leurs dents, d'une remarquable conservation; dans l'armoire 6.Z : principalement les os des organes de la locomotion; au-dessus des armoires précédentes : portion d'un squelette d'*Anoplotherium commune*, en plusieurs pièces, provenant de la pierre à plâtre de Montmartre.

———

La ligne des armoires qui contiennent les ossements fossiles est ici interrompue par l'une des deux grandes croisées du milieu de la galerie; de l'autre côté de la croisée, la ligne des armoires reprend.

———

1re ARMOIRE (SANS NUMÉRO); ARMOIRES 7.A A 7.C; ARMOIRE SUIVANTE (SANS NUMÉRO).

RUMINANTS.

Plusieurs genres ou espèces éteintes, de *ruminants*; ossements provenant principalement d'Auvergne, quelques-uns, du Gers, et d'autres, du val d'Arno supérieur.

Armoires 7.D a 7.G.

GENRES CERVUS (cerf) ET BOS (bœuf); espèces diverses.

Le genre *cerf* fournit un très-grand nombre d'espèces fossiles : l'une des plus remarquables est le *Cervus megaceros* ou *cerf à bois gigantesques*, de Cuvier; les bois, chez cet animal, ne mesuraient pas moins de 3 mètres d'envergure; les perches étaient palmées et dirigées horizontalement vers leur extrémité.

Les deux plus belles têtes de *Cervus megaceros,* dans la galerie, sont exposées au-dessus des portes principales, est et ouest, de la galerie.

Armoire 7.H.

GENRE MEGATHERIUM.

Ce genre est l'un des plus extraordinaires de la création éteinte; il appartient à l'ordre des édentés. Les proportions du squelette, chez le *megatherium*, étaient énormes : elles dépassaient 4 mètres en longueur ; elles atteignaient presque 3^m,00 de hauteur; les hanches avaient 1^m,67 de large, ce qui excède de beaucoup le diamètre de la même partie du squelette dans les plus grands éléphants. Le fémur avait des dimensions colossales, qui, du reste, égalaient presque en largeur la moitié de la longueur; on ne trouve pas, dans la nature vivante, un autre exemple d'un élargissement pareil. La tête ressemblait beaucoup à celle du paresseux, elle était petite comparativement au reste du corps. La queue était formée de vertèbres nombreuses. La nature des dents, chez cet animal, porte à croire qu'il n'était ni herbivore, ni carnivore, mais qu'il se nourrissait de racines; il fouillait le sol pour arriver aux plus profondes, ou et aux plus succulentes. Le volume prodigieux du bassin s'explique par l'habitude probable où était le megatherium de se tenir sur trois de ses pieds, tandis que l'autre cherchait la nourriture dans la terre. Il est probable qu'il se servait aussi de sa queue énorme et puissante pour supporter, dans certaines positions, le poids de son corps; enfin, on peut admettre que celle-ci jouait un rôle formidable comme instrument de défense.

Le megatherium est exclusif au terrain tertiaire supérieur de Pampas, de Buénos-Ayres, de la Banda orientale et des cavernes du Brésil.

Divers ossements, principalement des membres, représentent le *Megatherium,* dans l'armoire 7.**H.**

10.

ARMOIRES 7.J ET 7.K.

GENRE MEGATHERIUM (suite); GENRE MYLODON.

Le *Megatherium* est encore représenté ici par divers ossements, parmi lesquels une très-grande portion du pied de derrière, droit; des environs de Buénos-Ayres.

Le *Mylodon* est représenté également, dans les mêmes armoires, par des ossements divers, parmi lesquels de très-belles pièces des extrémités des membres antérieurs et postérieurs; de Buénos-Ayres.

De même que le megatherium, le *mylodon* appartient aux édentés et se rapproche de très-près des paresseux. Il a été trouvé, du reste, dans les mêmes gisements. Ses dimensions n'étaient pas, à beaucoup près, aussi considérables que celles du megatherium; mais il ne différait guère de celui-ci que par le caractère des dents. D'après la forme de celles-ci, il se nourrissait de végétaux; il choisissait probablement les feuilles et les plus tendres bourgeons. Le mylodon paraît former un lien avec les animaux ongulés et les animaux onguiculés : il présente à la fois des sabots et des griffes à chaque pied.

ARMOIRES 7.L ET 7.M.

GENRE SCELIDOTHERIUM; etc.

C'est un genre éteint d'édenté, de l'Amérique méridionale.

ARMOIRE (SANS NUMÉRO) ENTRE 7.M ET 7.N

GENRE MEGALONYX.

Ce genre éteint avait de grands rapports avec le paresseux; en effet, ses membres antérieurs étaient beaucoup plus longs que les postérieurs, et l'articulation du pied était très-oblique sur la gauche. Sa queue était forte et solide. On rencontre des débris de megalonyx, dans les cavernes du Brésil.

GENRE GLYPTODON.

Parmi les débris fossiles de *glyptodon*, contenus dans l'armoire, on remarque en particulier des fragments de carapace, des vertèbres de l'extrémité de la queue, des phalanges unguéales, et surtout une énorme pièce qui porte l'étiquette : *Portion postérieure de carapace d'une très-grande espèce de glyptodon,* des environs de Buénos-Ayres.

Le *glyptodon* était encore un édenté ; sa taille égalait environ le tiers de celle du megatherium ; ses formes le rapprochaient essentiellement des tatous. L'animal était protégé à l'extérieur par une carapace solide, composée de plaques qui, vues en dessous, paraissent hexagonales, et qui, au contraire, forment en dessus des sortes de doubles rosettes. On rencontre aujourd'hui ses débris dans le terrain tertiaire supérieur des Pampas, de Buénos-Ayres, etc.

ARMOIRES 7.N à 7.P.

GENRE TOXODON ; GENRE MACROTHERIUM.

Le *macrotherium* est l'un des deux seuls édentés fossiles que l'on ait trouvés jusqu'aujourd'hui en Europe. Ce genre a été créé d'après quelques débris découverts à Sansan (Gers).

OISEAUX FOSSILES.

Série très-remarquable d'*ossements d'oiseaux,* et quelques individus, presque entiers, de cette classe ; du gypse de Montmartre.

Ossements d'oiseaux, des brèches osseuses et des cavernes de Wellington-Walley (Nouvelle-Galles du Sud).

OEufs fossiles d'oiseaux ; d'Auvergne.

Empreintes de pas d'oiseaux (*ornithichnites*), sur schistes et grès argileux ; de l'Amérique du Nord. Échantillons en nature, et nombreuse suite de modèles en plâtre, parmi lesquels, des empreintes d'une espèce de taille colossale.

Epyornis ; quelques fragments ; de Madagascar.

Le genre *épyornis* a été créé récemment par M. Isidore-Geoffroy Saint-Hilaire, d'après des débris trouvés dans une alluvion récente, à Madagascar : on ne sait pas s'il existe encore actuellement. Cet oiseau gigantesque appartient à la famille des rudipennes.

Plâtres peints d'*ossements de diverses espèces de Dinornis.*

Le *dinornis*, genre aujourd'hui éteint, de la famille des brévi-
pennes, était remarquable par ses dimensions et par sa forme. La
découverte, assez récente, de cet oiseau, a vivement excité l'admiration des zoologistes. L'une de ses espèces n'avait pas moins de
4 mètres et plus de haut; un tibia mesure 0^m,90 environ de long;
un fémur, 0^m,355 de long et 0^m,189 de circonférence. Le dinornis
était intermédiaire, pour la forme, entre les casoars et les aptéryx.
Ses ossements ont été trouvés dans la Nouvelle-Zélande, dans des
terrains modernes.

AU-DESSUS DES ARMOIRES 7.N A 7.P.

Squelette presque entier du *Plesiosaurus dolichodei-
rus*, reptile de genre éteint (dont il sera question plus
loin); provenant de Lime-Regis (comté de Dorset,
Angleterre); magnifique pièce.

ARMOIRE (SANS NUMÉRO) ENTRE 7.P ET 7.Q.

OEuf énorme d'épyornis; cet œuf ne mesure pas moins
de 0^m,34 de grand diamètre, 0^m,225 de petit diamètre,
et 0^m,85 de grande circonférence; l'épaisseur de la coquille est d'environ 0^m,003. Sa capacité approche de
8 litres 3/4; elle égale celle de plus de six œufs d'au-
truche.

REPTILES FOSSILES.

GENRE TRYONIX.

Carapace de tortue fossile; pièce remarquable, d'un
très-grand diamètre, qui a été trouvée avec des os de
pachydermes, des coquilles fluviatiles et des fragments
de plantes monocotylédones, au milieu du dépôt pyriteux des lignites de Muirancourt, près Noyon (Oise).

GENRE PTÉRODACTYLUS (Ptérodactyle).

Modèles en plâtre de plusieurs espèces de ce genre.

Le *ptérodactile* constitue un genre unique dans une famille qui
a totalement disparu de la création, depuis une époque géologique

très-ancienne. Il offre à la fois des rapports de formes avec les reptiles et avec les chauves-souris. La longueur du cou, et la forme de la tête, le font ressembler aux oiseaux; le tronc et la queue sont ceux des mammifères ordinaires; les dents nombreuses et pointues, dont son museau est armé, appartiennent aux reptiles; enfin les organes de locomotion sont conformés pour le vol et présentent les plus grands rapports, pour les proportions et la forme, avec les ailes des chauves-souris. Tandis que les reptiles actuels ne se meuvent pas ailleurs que sur la terre ou dans les eaux, les ptérodactyles offraient un type unique de locomotion aérienne : aussi, dans les premiers temps de la découverte de ces animaux si singuliers, les opinions des zoologistes furent partagées sur les véritables affinités vers telle ou telle classe. Il appartenait au génie de Cuvier de résoudre la question et de prouver que le ptérodactyle, quelles que fussent ses anomalies d'organisation, devait être rangé dans la classe des reptiles. Les espèces varient de taille, depuis celle d'une bécassine à celle d'un cormoran. Suivant Cuvier, ces animaux pouvaient ramper, s'accrocher, grimper : peut-être se tenaient-ils debout comme les oiseaux. Ils paraissent avoir été insectivores et peut-être étaient-ils nocturnes.

ARMOIRES 7.Q A 7.T.

GENRE PLESIOSAURUS (plésiosaure).

Ce singulier genre éteint de saurien a la tête d'un lézard, les dents d'un crocodile, un cou d'une longeur énorme, qui ressemble au corps d'un serpent, un tronc et une queue dont les proportions sont celles d'un quadrupède ordinaire, les côtes d'un caméléon. Le plésiosaure pourrait être en quelque sorte comparé à un serpent caché dans la carapace d'une tortue; son cou a jusqu'à trente-trois vertèbres, tandis que les autres reptiles n'en n'ont que de trois à huit. D'après l'ensemble des caractères du squelette, cet animal était aquatique, marin. La longueur de son cou, qui était un obstacle à la rapidité de ses mouvements, lui servait admirablement pour saisir sa proie, car il n'avait, sans bouger de place, qu'à lancer sa tête sur le poisson imprudent qui s'approchait de lui.

Le genre *plésiosaure* est représenté ici par divers débris en nature et par des modèles en plâtre. On remarque en particulier, dans les armoires 7.Q et 7.R : modèle en plâtre d'un squelette presque entier, magnifiquement conservé, de *plésiosaure macrocéphale*, du lias d'Angleterre; modèle en plâtre d'un énorme fémur de plésiosaure, du Havre; dans l'armoire 7.S : très-grande portion d'un squelette de plésiosaure, provenant de l'oxford-clay, de la Meuse ; dans l'armoire suivante : vertèbres du même animal.

Armoires 7.V a 7.Z, et Armoire suivante (sans numéro).

Genres Alligator (gavial), Crocodilus (crocodile); autres genres éteints, divers, de sauriens.

Dans l'armoire 7.X en particulier : modèles en plâtre du *Teleosaurus,* du Wurtemberg ; dans l'armoire 7.Z : *empreintes* que l'on suppose être la trace de *pas de tortues,* laissée sur un grès rouge, de Muir, comté de Dumfries (Écosse), à une époque à laquelle le grès n'était pas encore solidifié.

Dans l'armoire suivante (sans numéro) : modèle en plâtre d'*empreintes de pas de Cheirotherium,* sur le grès bigarré de Hildburghausen (Saxe); le cheirotherium est un animal d'un genre éteint, dont les affinités sont peu connues.

Armoires 8.A a 8.C.

Genre Mosasaurus (mosasaure).

Cet énorme saurien, de race éteinte, était caractérisé par des dents larges que supportaient des espèces d'expansions ou prolongements coniques partant du bord de la mâchoire ; la couronne de la dent était conique et recourbée. L'animal paraît avoir eu les pieds palmés.

On observe ici divers ossements de cet animal. Les armoires 8.A et 8.B contiennent en particulier une pièce unique et des plus remarquables que l'on connaisse de ce genre : c'est une portion de tête, qui a été trouvée dans la chaux carbonatée crayeuse de Maëstricht ; la masse totale, comprenant plusieurs os, a plus de $1^m,20$ de long, sur $0^m,71$ de haut. Une autre pièce, également très-remarquable, au bas de la précédente, montre plusieurs vertèbres du même animal. Au bas des armoires 8.B et 8.C : squelette presque entier d'*Ichthyosaurus communis,* trouvé dans le lias de Lyme-Regis, comté de Dorset [Angleterre] (mais ce genre appartient plutôt aux armoires suivantes). — Au-dessous des armoires 8.A à 8.C : autre squelette, presque complet et de dimensions énormes, d'ichthyosaure.

ARMOIRE SANS NUMÉRO, APRÈS 8.C; ARMOIRES 8.D A 8.G.

GENRE ICHTHYOSAURUS (ichthyosaure).

L'*ichthyosaure*, genre éteint de saurien, avait le museau et l'aspect général d'un marsouin, la tête d'un lézard, les dents d'un crocodile, les vertèbres d'un poisson, le sternum d'un ornithorhynque et les nageoires d'une baleine. L'énorme volume de l'œil était l'une des particularités les plus remarquables de l'organisation des ichthyosaures : les cavités orbitaires, dans l'une des espèces, ont présenté jusqu'à $0^m,38$ de diamètre; la grande quantité de lumière que ces organes pouvaient admettre, devait leur donner une puissance de vision remarquable. D'un autre côté, l'œil était protégé par un cercle de plaques osseuses qui rappellent ce qu'on observe encore de nos jours dans les oiseaux, les tortues et quelques sauriens : l'office de ces plaques osseuses était sans doute, comme pour ceux-ci, de repousser en avant la cornée transparente ou de la ramener en arrière, de manière à diminuer ou à augmenter son rayon, pour ainsi apercevoir les objets à de grandes ou à de petites distances. Des plaques dermales couvraient le corps. D'après leur forme générale, les ichthyosaures étaient des reptiles essentiellement aquatiques, carnassiers. Le nombre et la force de leurs dents en faisaient des animaux d'autant plus redoutables, qu'à l'aide de leurs rames puissantes, ils étaient plus agiles. Si l'on en juge par les *coprolites,* résidus fossiles des digestions, qu'on rencontre abondamment dans la plupart des gisements d'ichthyosaures, il est à présumer que le canal intestinal était contourné en spirale, chez ces animaux, comme dans certains poissons.

De nombreuses pièces représentent ici l'ichthyosaure; nous citerons particulièrement dans l'armoire sans numéro : têtes presque complètes de l'*Ichthyosaurus communis,* du lias des environs de Lyme-Regis et

des environs de Bristol (Angleterre); dans les armoires
8.D et 8.E : un squelette presque entier de l'*Ichthyosaurus tenuirostris*, trouvé à Lyme-Regis ; une portion
considérable de la partie antérieure du tronc de la même
espèce, de Lyme-Regis. Dans les armoires 8.F et 8.G :
un très-beau squelette complet d'ichthyosaure.

ARMOIRES 8.H A 8.Z (FIN DE LA SÉRIE DES ARMOIRES DE CE COTÉ).

POISSONS FOSSILES.

Ils sont ici distribués par ordre d'ancienneté : les plus
anciens commencent avec l'armoire 8.H ; les plus nou-
veaux finissent avec la série des armoires de ce côté. —
Armoire 8.H : *poissons des grès pourprés;* plusieurs
modèles en plâtre d'ossements divers de ces poissons,
trouvés dans les grès pourprés des environs de Dorpath,
en Livonie (Russie). — Armoires 8.J et 8.K : *poissons
du zechstein,* du Mansfeld ; la plupart des empreintes de
ces poissons sont en pyrite cuivreuse. — Armoires 8.L
et 8.M : *poissons des terrains inférieurs aux terrains
jurassiques.* — Armoire (sans numéro), entre 8.M et
8.V : *poissons du terrain jurassique* de Solenhofen, de
Glaris, etc. — Armoires 8.N à 8.V : *poisson de l'étage
paléothérique,* en particulier, une magnifique collection
des *poisssons de Monte-Bolca* près de Vérone, peut-être
la plus belle qui existe de cette localité. — Au-dessus
des armoires 8.N à 8.P : de larges empreintes de poissons, se rapportant, pour l'âge, à celles des armoires
qui leur correspondent en bas, dans les armoires. —

Armoires 8. V et suivantes : poissons du gypse de Montmartre, des marnes schisteuses d'Aix en Provence, etc.

——

Au-dessus des armoires consacrées aux roches, dans la galerie haute, opposée à celle que nous parcourons, se trouvent encore plusieurs grosses pièces de fossiles, et particulièrement, en allant de l'ouest à l'est : *poissons; empreintes de pas de Cheirotherium*, sur le grès bigarré de Hildburghausen ; portions de squelette d'*Anoplotherium*, de grands ossements d'édentés de l'Amérique méridionale ; de grands os des membres de l'*éléphant fossile (mammouth)* ; etc.

Au-dessus des deux portes principales de la galerie : tête du *cerf à bois gigantesques*, des tourbières d'Irlande ; les cornes ont $2^m,30$ environ d'envergure.

COLLECTION GÉOGRAPHIQUE.

Les séries diverses qui composent la collection géographique sont placées dans les tiroirs des galeries et des laboratoires. Dans la galerie basse, elles occupent les tiroirs au-dessous des armoires, le long du côté sud, et les tiroirs de droite et de gauche, des meubles de l'épine ; dans la galerie haute, du nord, elles remplissent les tiroirs au-dessous des armoires consacrées aux Roches ; dans la galerie haute, du sud, elles sont distribuées dans les tiroirs au-dessous des armoires qu'occupent les ossements fossiles.

Ces différentes séries se composent, dans leur ensemble, de plus de 7 000 échantillons ; aucun Musée, en Europe, ne possède une collection géographique d'objets

géologiques, aussi nombreuse. L'importance d'une telle
collection est capitale : elle présente la constitution géologique de la plus grande partie du globe.

Les principaux pays auxquels se rapportent les séries
de la collection géographique sont les suivants : *Europe,*
presque entière ; *Asie :* Asie Mineure, Turquie d'Asie,
Arabie, Hindoustan, Pondichéry, Ceylan, Conchinchine,
Chine, Kamtschatka, etc.; *Afrique :* Algérie, Égypte,
Nubie, île Bourbon, Madagascar, cap de Bonne-Espé-
rance, Sainte-Hélène, Sénégal, cap Vert, Canaries,
Ténériffe, etc.; *Amérique :* États-Unis, Canada, Groen-
land, Terre-Neuve, Mexique, Californie, Guyane, Pérou,
Chili, Brésil, Paraguay, Uruguay, Patagonie, cap
Horn, Antilles, etc.; *Océanie :* îles Sandwich, îles Ma-
riannes, Van-Diémen, Nouvelle-Hollande, Nouvelle-
Zélande, etc. (1).

(1) Les séries de la collection géographique et leurs catalogues
respectifs sont communiqués, sous la surveillance d'un garçon de
salle, à toutes personnes qui ont intérêt de les connaître, et qui en
font la demande au professeur de géologie.

RÉSUMÉ

DES OBJETS LES PLUS CURIEUX A VISITER DANS LES GALERIES DE MINÉRALOGIE ET DE GÉOLOGIE.

Galerie basse, ou principale.

ARMOIRES ET VITRINES DU COTÉ GAUCHE, OU DU NORD.

Quelques beaux échantillons, parmi ceux qui représentent les caractères généraux des espèces minérales, arm. et vitr. M.1 à M.33 (*voir* pages 34 à 48).

Espèces *Diamant*, vitr. M.34 (page 50);—*Soufre natif*, arm. et vitr. M.36 et suivantes (page 52);— *Chaux carbonatée*, arm. et vitr. M.50 et suivantes (page 64);—*Spath fluor*, arm. et vitr. M.66 et suivantes (page 70); — *Fer sulfuré* (*pyrite*), arm. et vitr. M.81 et suivantes (page 78); — *Fer oligiste*, arm. et vitr. M.86 et suivantes (page 81).

ARMOIRES ET VITRINES DU COTÉ DROIT, OU DU SUD.

Espèces *Cuivre carbonaté bleu* (*azurite*), arm. et vitr. M.121 (page 103); — *Cuivre carbonaté vert* (*malachite*), arm. et vitr. M.122 et M.123 (page 104);— *Argent natif, Argent rouge*, etc., arm. et vitr. M.128 et suivantes (page 108);—*Or natif*, arm. et vitr. M.131 et M.132 (page 110);—*Platine natif*, arm. et vitr. M.132 (page 110);—*Quartz* et ses différentes variétés: *quartz hyalin* (*cristal de roche*), *agate, silex, jaspe, tripoli, opale*, etc., arm. et vitr. M.133 à M.148

11.

(pages 112 et suivantes);—*Émeraude, Béryl, Aigue-marine*, arm. et vitr. M.157 et M.158 (page 130);
—*Topaze*, arm. et vitr. M.180 et M.181 (page 144);
—*Lapis lazuli*, arm. et vitr. M.185 (page 149);—
Turquoise, arm. et vitr. M.186 (page 150).

ARMOIRES TECHNOLOGIQUES, AU PIED DES COLONNES, COTÉ NORD.

La plupart des objets renfermés dans ces armoires sont curieux à visiter; nous citerons en particulier les suivants : *spath fluor*, en objets travaillés, arm. techn. n° 4 (page 45); — *marbre ruiniforme, de Florence*, arm. techn. n° 6 (page 53);—*quartz* divers, employés comme pierres de parure, arm. techn. n° 9 (page 63); —*jades, lapis-lazuli*, etc., arm. techn. n° 11 (page 66); — *onyx, malachites*, etc., arm. techn. n° 12 (page 68); — *amiante travaillée*, arm. techn. n° 13 (page 72);—*pierres précieuses* (collection d'ensemble), et parmi celles-ci, principalement le magnifique *saphir*, l'un des plus beaux connus, arm. techn. n° 17 (page 86).

ARMOIRES AU PIED DES COLONNES, COTÉ SUD.

Météorites (aérolithes, fer météorique), collection d'ensemble, arm. de la 1re colonne, extrémité est (page 91);—*Cuivre natif*, masse énorme, arm. entre M.144 et M.145 (page 121);—*Marbres* divers, etc., arm. suivantes, jusqu'à la fin.

TABLES INTERCALÉES DANS LA SÉRIE DES MEUBLES DE L'ÉPINE.

La plupart des objets exposés sur ces tables sont

curieux à visiter; nous remarquerons en particulier : *quartz hyalin,* cristal le plus gros connu, en tête de l'épine, en entrant, extrémité ouest (page 32); — *sel gemme* cubique, *malachite, calcaire quartzifère, ambre jaune* sous forme de coffret, etc., 2ᵉ table, en allant de l'ouest à l'est (page 159); — *tables en mosaïque,* à la suite de la table précédente, au milieu de l'axe longitudinal de l'épine (page 160); — *monument à Dolomieu,* à la suite des mosaïques précédentes (page 160); — *quartz hyalin (cristal de roche),* magnifique coupe, 3ᵉ table, en suivant (page 160); — *strontiane sulfatée, jade néphrite* sous forme de vase, *agates,* etc., même table (page 161); — *météorite (aérolithe),* 4ᵉ table (page 61); — *fer météorique,* à la fin de l'épine, extrémité est (page 90).

OBJETS EXPOSÉS HORS DES SÉRIES DES MEUBLES, DANS L'ESPACE CENTRAL DE LA GALERIE BASSE.

Devant la croisée du nord :

Agates collées aux carreaux de la croisée (page 61); — *pierres précieuses* de la collection Haüy, dans le meuble en obélisque, devant la croisée précédente (page 62).

Devant la croisée du sud :

Table en *albâtre oriental* (page 122); — *statue de Cuvier* (page 122).

Galerie haute, du Nord.

Terrains tertiaires, des environs de Paris; vitrines, le long de la balustrade (page 157).

Roches diverses : *granites, porphyres, calcaires,* etc.,
armoires verticales (page 162).

Galerie haute, du Sud.

Ossements fossiles, en particulier : *homme fossile,*
arm. 1, extrémité est (*voir* page 165) ;—*éléphant fossile*
ou *mammouth,* arm. sans numéro, à la suite de 5.J et
suivantes (page 167) ; — *mastodonte,* arm. 5.N et suivantes (page 169) ; — *palæotherium,* arm. 6.K et suivantes (page 170) ; — *anoplotherium,* arm. 6.X et suivantes (page 172) ; — *megatherium,* arm. 7.H (page
173) ; — *oiseaux fossiles,* arm. 7.N et suivantes (page
175) ; — *ptérodactyle,* arm. suite à 7.P (page 176) ; —
plésiosaure, arm. 7.Q et suivantes (page 177) ; — *mo-*
sasaure, arm. 8.A et suivantes (page 178) ; — *ichthyo-*
saure, arm. suite à 8.C (page 179) ; —*poissons fossiles,*
arm. 8.H et suivantes (page 180).

FIN.

TABLE GÉNÉRALE DES MATIÈRES.

FIN DE LA TABLE DES MATIÈRES.

www.ingramcontent.com/pod-product-compliance
Lightning Source LLC
Chambersburg PA
CBHW070538200326
41519CB00013B/3068